AF397301

4° S
879

ÉTUDES

DES

GÎTES MINÉRAUX

DE LA FRANCE

PUBLIÉES SOUS LES AUSPICES DE M. LE MINISTRE DES TRAVAUX PUBLICS
PAR LE SERVICE DES TOPOGRAPHIES SOUTERRAINES

STRUCTURE ET ORIGINE

DES

GRÈS DU TERTIAIRE PARISIEN

PAR

L. CAYEUX

PROFESSEUR À L'INSTITUT NATIONAL AGRONOMIQUE
PROFESSEUR SUPPLÉANT DE GÉOLOGIE À L'ÉCOLE DES MINES

PARIS

IMPRIMERIE NATIONALE

MDCCCCVI

STRUCTURE ET ORIGINE

DES

GRÈS DU TERTIAIRE PARISIEN

4° S 879 (20)

MINISTÈRE DES TRAVAUX PUBLICS

ÉTUDES

DES

GÎTES MINÉRAUX

DE LA FRANCE

PUBLIÉES SOUS LES AUSPICES DE M. LE MINISTRE DES TRAVAUX PUBLICS
PAR LE SERVICE DES TOPOGRAPHIES SOUTERRAINES

STRUCTURE ET ORIGINE

DES

GRÈS DU TERTIAIRE PARISIEN

PAR

L. CAYEUX

PROFESSEUR À L'INSTITUT NATIONAL AGRONOMIQUE
PROFESSEUR SUPPLÉANT DE GÉOLOGIE À L'ÉCOLE DES MINES

PARIS

IMPRIMERIE NATIONALE

MDCCCCVI

INTRODUCTION.

J'ai puisé l'idée de ce travail dans les nombreuses excursions que j'ai faites avec les élèves de l'École des mines pour étudier le Tertiaire parisien. Maintes fois, j'ai été frappé des difficultés que présente le diagnostic précis des grès, de l'extrême variété de caractères de ces roches et de la ressemblance qu'elles présentent souvent avec les quartzites les plus typiques. J'ai pensé que l'emploi du microscope permettrait de mettre un peu d'ordre dans cette grande famille de roches siliceuses, et qu'il fournirait peut-être les éléments d'une méthode de détermination à la fois précise et rigoureuse.

Si des considérations exclusivement pratiques ont inspiré mes recherches, ce n'est point un motif pour négliger de propos délibéré les observations qui peuvent nous éclairer sur l'origine des grès et sur les transformations qu'ils ont subies dans le cours des âges. J'étudierai donc la composition et la structure de ces roches avec un double but : .

1° Déterminer dans quelle mesure elles se révèlent dans leurs caractères macroscopiques;

2° Montrer qu'on peut en tirer de précieuses indications sur les conditions qui ont présidé à leur formation.

Je suis resté fidèle, en élaborant le présent travail, à la méthode que j'ai suivie naguère dans l'étude de la craie et des roches siliceuses du Bassin de Paris, c'est-à-dire que j'ai analysé un grand nombre d'échantillons, pour éviter de raisonner sur des exceptions, et dans l'espoir de donner plus d'autorité à mes conclusions.

De nombreux problèmes se sont posés d'eux-mêmes au cours de mes investigations. Il apparaîtra clairement au lecteur que l'histoire des grès tertiaires du Bassin parisien ne nous a pas livré tous ses

secrets, et surtout qu'elle est moins simple et beaucoup plus difficile
à déchiffrer qu'on ne l'avait supposé jusqu'à ce jour.

Les échantillons que j'ai soumis à une étude micrographique ont
trois origines :

La plupart m'ont été fournis par la collection de géologie générale
de l'École des mines;

Un grand nombre appartiennent à la belle série de roches sédimentaires, réunies à Lille par les soins de M. J. Gosselet;

Enfin j'ai recueilli moi-même quelques-uns des spécimens étudiés.

J'ai le plus grand plaisir à remercier mes maîtres de Lille —
MM. J. Gosselet et Ch. Barrois — pour les nombreux matériaux,
roches et préparations, qu'ils ont mis à ma disposition, ainsi que
MM. G. Dollfus et L. Janet pour les coupes qu'ils m'ont commu-
niquées.

Je prie M. Michel Lévy, directeur du service de la Carte géologique, qui a bien voulu décider l'insertion de mon mémoire dans
les Études des Gîtes minéraux de la France, d'agréer l'expression de
ma respectueuse reconnaissance.

Le présent travail comprend une revue bibliographique très brève,
et se divise en deux parties : la première sera consacrée à l'étude
monographique de grès, groupés par étages, et la seconde, à l'exposé
des résultats généraux et conclusions de mes recherches.

REVUE BIBLIOGRAPHIQUE.

Il n'existe aucune étude systématique des grès du Tertiaire parisien. Tout ce que l'on sait sur ce groupe important de roches peut se résumer dans la mention d'un petit nombre d'observations isolées, presque toujours relatives à des cas particuliers.

En 1879, M. Ch. Barrois[1] signala la transformation progressive en quartzites des grès landéniens de la région de Marlemont (Ardennes), sous la seule influence des agents atmosphériques.

L'étude micrographique du grès yprésien de Belleu[2] (Aisne) me permit en 1891 de l'identifier à un véritable *quartzite*, et de démontrer que la silice secondaire s'était orientée autour des grains de sable. A cet exemple qui prouvait la transformation d'un sable en quartzite, sous l'influence exclusive des eaux qui circulent dans les roches, j'en ai ajouté beaucoup d'autres en décrivant diverses roches siliceuses du Bassin de Paris qui rentrent dans la catégorie des grès[3].

La composition des grès de Fontainebleau a été fixée par M. Léon Janet en 1894. « On admettait généralement que, suivant les régions, ces grès étaient à ciment calcaire ou siliceux, et que cette composition était en rapport avec celle des roches aquitaniennes représentées, tantôt par un calcaire lacustre, tantôt par de l'argile à meulières[4]. » M. L. Janet a démontré que la table constituée par les grès de Fontainebleau est entièrement siliceuse, quelle que soit la composition des couches aquitaniennes qui la surmontent.

L'étude que M. Termier[5] a consacrée en 1895 aux grès stampiens a fourni pour la première fois une caractéristique très nette de deux types de grès désignés sous les noms de *grès imparfaits* et de *grès parfaits*, les premiers poreux, les seconds compacts avec tous leurs interstices comblés par de la silice secondaire. C'est également

---

[1] Ch. Barrois, Sur l'étendue du système tertiaire dans les Ardennes et sur les argiles à silex (*Ann. Soc. Géol. Nord*, t. VI, p. 340, 1878-1879).

[2] L. Cayeux, Structure du grès de Belleu (*Ibid.*, t. XIX, p. 111-112, 1891).

[3] L. Cayeux, Contribution à l'étude micrographique des terrains secondaires et tertiaires du Bassin de Paris. (*Mém. Soc. Géol. Nord*, t. IV, mém. n° 2, 1897.)

[4] Léon Janet, Sur la composition chimique des grès stampiens du Bassin de Paris (*B. S. G. F.*, 3ᵉ s., t. XXII, p. clxi, 1894).

[5] P. Termier, Sur la structure des grès de Fontainebleau (*B. S. G. F.*, 3ᵉ s., t. XXIII, p. 344-348; 1895.)

par circulation d'eaux un peu siliceuses que M. Termier explique la transformation des sables en grès imparfaits et parfaits.

Les grès landéniens du Nord de la France ont été l'objet, de la part de M. Gosselet, de recherches dont les résultats n'ont pas été publiés. J'ai utilisé un certain nombre des coupes qu'il a déposées au laboratoire de géologie de la Faculté des Sciences de Lille.

STRUCTURE ET ORIGINE

DES

GRÈS DU TERTIAIRE PARISIEN

—◦✠◦—

PREMIÈRE PARTIE.

COMPOSITION ET STRUCTURE DES GRÈS.

Mode de description des grès. — Deux méthodes s'offrent à moi pour décrire les grès du Tertiaire parisien : passer en revue les différents types de composition et de structure, groupés dans une classification lithologique qui ne tienne pas compte de l'âge des roches; ou décrire successivement les grès de chaque assise, pour réunir dans une synthèse finale les résultats de l'analyse de nombreux échantillons. Je n'hésite pas à choisir la seconde méthode, en dépit des longueurs qu'elle comporte. Je lui donne la préférence: 1° parce qu'elle me permettra de caractériser, une à une, des roches banales considérées comme identiques, bien qu'elles se diversifient de mille manières; 2° pour mettre sous les yeux du lecteur les nombreux faits d'observation qui concourent à édifier mes conclusions générales.

Tous les étages marins de l'Éocène du Bassin de Paris renferment des grès, mais ils sont particulièrement abondants dans le « Landénien », le Bartonien et le Stampien. Je décrirai successivement les grès des étages thanétien, sparnacien, yprésien, lutétien, bartonien et stampien.

Parmi les échantillons qui sont la propriété du Musée de Lille, il en est dont la position stratigraphique n'est pas rigoureusement fixée. Il s'agit des grès qu'on a longtemps appelés *landéniens* et qui, dans la classification actuellement en usage, devraient figurer les uns dans le Thanétien, les autres dans le Sparnacien. En raison de cette indécision, je constituerai un groupe de grès landéniens dont la description fera suite à celle des grès sparnaciens. Si le Thanétien et l'Yprésien sont réunis sous le nom de Landénien, comme

IMPRIMERIE NATIONALE.

le propose M. Leriche, les trois premières séries de grès que je vais décrire
devront être fondues en une seule [1].

NOMENCLATURE. — Je réserve pour la fin de ce mémoire la discussion de
la nomenclature que j'ai employée. Toutes les roches décrites se rapportent
à deux familles, les *grès* et les *quartzites*.

La classification est fondée sur la nature du ciment. Elle comprend des
grès calcaires, des *grès ferrugineux*, des *grès opalifères*... et enfin des *grès-
quartzites* qui servent de terme de passage à la famille suivante.

Les quartzites forment un groupe beaucoup plus homogène qui ne comporte que deux termes, les *quartzites-grès*, caractérisés par la persistance du
caractère détritique dans la minorité des éléments, et les *quartzites* typiques.

[1] La plus grande partie de mon travail était rédigée quand la cinquième édition du *Traité de
géologie* de M. de Lapparent a paru; c'est pour ce motif que le Thanétien et le Sparnacien ne sont
pas réunis sous le nom de Landénien.

CHAPITRE PREMIER.

GRÈS THANÉTIENS.

Par suite de l'extension très limitée de la mer thanétienne, les grès de cette époque font défaut dans le centre et le Sud du Bassin de Paris. Je ne puis rapporter avec certitude au Thanétien que des roches désignées sous le nom de « tuffeau landénien », très répandues en Belgique, dans le Nord de la France et qui n'ont jamais été signalées au delà du département de l'Aisne. L'étude détaillée que j'en ai faite autrefois me dispense d'en reprendre l'examen dans ce travail [1].

Les « tuffeaux landéniens » du Nord de la France sont tous des *grès opalifères* plus ou moins glauconieux; le ciment est toujours de l'opale indifférenciée; ils renferment ou non des organismes siliceux. A ce groupe se rattachent les grès opalifères glauconieux de Lille, Douai, Radinghen et La Fère.

[1] L. Cayeux, Contribution à l'étude micrographique des terrains sédimentaires, p. 119 et suiv. (*Mém. Soc. Géol. Nord*, t. IV, mém. n° 2, 1897).

CHAPITRE II.

GRÈS SPARNACIENS.

Les sables dits de l'argile plastique sont fréquemment transformés en grès. Je ne décrirai sous le nom de grès sparnaciens que les échantillons appartenant à des gisements dont l'âge sparnacien est certain. Quant aux spécimens dont la position stratigraphique n'est pas rigoureusement établie, je les rattacherai au Landénien.

Grès ferrugineux de Bougival (Seine-et-Oise).

(Coll. Mines.)

Caractères lithologiques. — Grès de couleur ocreuse dont les grains se détachent par un léger frottement des doigts; cassure grenue. A la loupe, nombreux vides entre les grains.

Étude micrographique. — Quartz en grains anguleux, de forme générale arrondie ou nettement arrondis; très rares fragments de *silex;* plusieurs débris de *quartzite;* quelques *orthoses* dont les clivages sont soulignés par de la limonite. Ces différents minéraux sont loin d'être calibrés. Ils sont revêtus et cimentés par une fine gaine de limonite qui ne s'interrompt pas au contact des grains. Ceux-ci laissent entre eux de nombreux vides.

La roche est un *grès ferrugineux.* Si les minéraux ne sont pas en contact dans la grande majorité des cas, il faut admettre qu'ils étaient reliés à l'origine par une matière qui les maintenait séparés. Ce grès ferrugineux dérive d'un sable dont les grains étaient noyés dans une gangue de nature indéterminée, pour le moment.

Grès pyriteux d'Issy (Seine).

Caractères lithologiques. — La roche forme des plaques et des rognons mesurant jusqu'à o m. 3o de longueur, disséminés dans les « sables d'Auteuil » de la grande carrière de Vaugirard à Issy. Ces corps, débarrassés du sable qui les incruste, par une longue exposition à la pluie, montrent une surface très irrégulière et parfois de nombreux fossiles pyritisés [1]. Beaucoup de plaques et de rognons sont traversés par des filets charbonneux, très abondants dans quelques échantillons. La présence de débris végétaux se traduit souvent à la surface des rognons par des proéminences en forme de bâtonnets pyriteux, simples ou ramifiés, dont plusieurs sont fistuleux. Ces bâtonnets dégagés

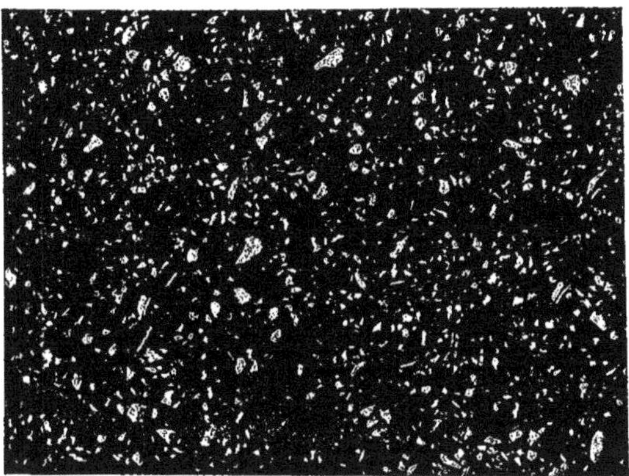

Fig. 1. — Grès à ciment de pyrite de fer, de l'argile plastique d'Issy.
Photographie d'une plaque mince. Gross. = 60 diamètres, Lumière naturelle. — Les minéraux clastiques
se détachent en blanc; le ciment de pyrite est noir.

par l'érosion pluviale atteignent au plus 2 centimètres de longueur; ils sont couchés sur les nodules ou dressés de manière à lui donner un aspect hérissé. Ils produisent par places un véritable feutrage qui constitue à lui seul la plus grande partie de la roche.

Les échantillons de pyrite s'altèrent très rapidement quand ils sont débarrassés de la masse de sable qui les enveloppe. Ils s'hydratent, s'oxydent et abandonnent notamment une variété de sulfate de fer hydraté, la *mélantérite* ($FeSO^4,7H^2O$) sur laquelle M. Lacroix a déjà appelé l'attention.

[1] L. CAYEUX, Existence d'une faune saumâtre dans les sables de l'argile plastique d'Issy (Seine). *C. R. Ac. Sc.*, t. CXL, p. 1728-1729 (1905).

Étude micrographique. — Les nodules sont en réalité des rognons de grès, très riches en éléments de quartz. Les matériaux détritiques ont ici une physionomie exceptionnelle. Ce sont des grains de petite taille, toujours anguleux, figurant plutôt des esquilles, des éclats de quartz que des grains roulés (fig. 1). Aucune trace d'usure n'est visible. Le minéral est souvent d'une pureté idéale. Les grains de diamètre et de forme très variables sont plongés dans un ciment de *marcassite* qui constitue à peu près la moitié de la roche et donne naissance à une trame massive, homogène et continue. L'importance des espèces qui séparent les grains de sable est telle qu'il faut admettre l'existence d'une gangue pour les fixer en place à l'origine même du dépôt. La substitution de la pyrite au calcaire des coquilles, observée sur une grande échelle, permet de supposer que le ciment pyriteux est secondaire, et que le premier ciment était au moins partiellement calcaire. Les nombreux débris végétaux pyritisés qui font corps avec la roche, en perdant leur individualité dès qu'ils pénètrent à l'intérieur des nodules, me paraissent signifier que des débris végétaux s'ajoutaient au calcaire pour constituer la première gangue. Le ciment actuel résulterait ainsi d'une substitution de la marcassite à du calcaire et à des matières organiques.

Quartzite-grès de Molinchard (Aisne).

(Coll. Mines.)

M. Gosselet[1] place la roche de Molinchard à la limite des sables de Bracheux et de l'argile plastique. La présence de *Cyrena cuneiformis* en très grande quantité dans ce grès justifie son attribution au Sparnacien.

Caractères lithologiques. — Roche blanc grisâtre, grenue, d'apparence très cristalline, à grains de quartz très brillants, facile à désagréger sur les bords et très cohérente à l'intérieur. Cassure grenue à la périphérie, moins inégale au centre. On reconnaît à la loupe que tous les grains de quartz sont tranchés par la cassure, et qu'il y a des vides non envahis par le ciment.

Étude micrographique. — Quartz en grains très réguliers, remplis d'inclusions presque toutes solides, qui lui donnent un aspect sale; le *rutile* y figure parfois en très fines aiguilles. La série des minéraux clastiques est complétée

[1] J. Gosselet, Observations sur la position du grès de Belleu, du grès de Molinchard, etc. *Ann. Soc. Géol. Nord*, t. XIX, 1891, p. 108.)

par de rares feldspaths *orthose* et *microcline* et par des fragments de *silex* peu nombreux. Un cristal de *zircon* est inclus dans le quartz.

La majorité des éléments de quartz sont revêtus d'une auréole de quartz secondaire orientée comme le quartz ancien. Le contour primitif des grains est déterminé soit par une ligne d'impuretés qui le souligne, soit par les nombreuses inclusions qui ne pénètrent jamais dans les auréoles. La silice secondaire ne s'est développée qu'autour des grains de sable.

Partout où le quartz secondaire existe, les minéraux sont moulés les uns sur les autres et les vides ont disparu; la structure est celle d'un quartzite. Dans quelques plages les grains de sable sont pourvus d'une auréole incomplète; ils ont gardé leurs contours primitifs sur le bord des interstices. La structure est donc mixte avec prédominance très marquée du type quartzite. La roche est un *quartzite-grès*.

Quartzite de Saint-Denis-d'Authon (Eure-et-Loir).

(Coll. Mines.)

(Planche VI, fig. 11.)

Caractères lithologiques. — Roche très grossière, ferrugineuse, brun rougeâtre, parsemée de grandes taches blanches le plus souvent circulaires. Cassure grenue, principalement sur le bord des échantillons; éclat gras très prononcé. A la périphérie des spécimens, caractérisée par un état d'agrégation imparfait, on distingue à la loupe des vides et souvent des rudiments de facettes cristallines cannelées ou non; ces vides disparaissent graduellement vers l'intérieur et la roche devient de plus en plus cohérente. L'enduit ferrugineux qui colore la roche en brun rougeâtre doit être très faible, car il ne masque pas les propriétés du quartz.

Étude micrographique. — Quartz en grains de dimensions à peu près constantes, de forme anguleuse avec des arêtes émoussées ou arrondies. Au quartz très prédominant s'ajoutent des agrégats composés d'innombrables particules très petites, ou formés par un petit nombre d'éléments, des *feldspaths* assez fréquents, représentés par des grains d'*orthose* détritique en voie d'altération, et enfin l'*hématite* rouge représentée par quelques grains.

Tous les minéraux sont revêtus d'une fine pellicule de limonite qui en fait ressortir les contours (*b*). Il est de règle qu'ils ne soient pas juxtaposés et qu'ils laissent entre eux de larges intervalles occupés par du quartz secondaire. Ce quartz forme autour des éléments détritiques sans exception une large auréole orientée optiquement comme le minéral qu'elle enveloppe (c), et reproduisant très souvent la forme du grain primitif dont elle est séparée par une gaine ferrugineuse. Ce quartz secondaire est parfois tellement abondant qu'il forme à lui seul les trois quarts de certains grains. Différents cas sont à distinguer :

1° Le noyau de quartz ancien est simple. L'enveloppe secondaire forme avec lui un seul individu cristallin.

2° Le grain ancien est un agrégat. L'auréole secondaire offre elle-même une structure d'agrégat. En chaque point, le quartz qui la forme est orienté comme le granule de quartz sur lequel il s'applique; ce sont les éléments du pourtour de l'agrégat qui influencent l'orientation de la silice secondaire (fig. 21, n° 13).

3° Le quartz ancien des grains simples est-il caractérisé par une extinction très onduleuse, les ombres roulantes intéressent également les auréoles superficielles. On voit par cet exemple avec quelle fidélité le quartz secondaire reproduit l'orientation optique des grains qu'il enveloppe. La déformation du quartz ancien qui détermine l'extinction roulante est originelle et bien antérieure à la genèse du grès. Cette déformation est imposée au quartz secondaire, et elle prend naissance au moment où le grain de sable, nourri par une solution siliceuse, s'entoure de son auréole. Il est clair, d'après les conditions de gisement du dépôt, que les phénomènes de compression sont étrangers à cette déformation de l'édifice cristallin du quartz secondaire.

4° J'ai observé pour la première fois l'existence d'un liséré de quartz secondaire autour des feldspaths; tous les cristaux d'orthose en sont pourvus. Le quartz de l'auréole s'éteint en même temps que l'orthose qu'il enveloppe, et prend en même temps qu'elle l'éclairement maximum. Il en résulte que l'orientation optique de la gaine quartzeuse n'est pas uniforme, et qu'elle doit varier autour du cristal d'orthose (fig. 21, n° 14).

Si l'on débarrasse par la pensée tous les minéraux clastiques de leur couronne secondaire très épaisse, on constate qu'ils sont presque tous isolés et dans l'impossibilité de se maintenir en place sans un ciment. La roche de Saint-Denis-d'Authon a été pourvue d'un ciment à l'origine. Les grains étant largement séparés, ils ont dû s'accumuler au sein d'une boue dont il ne reste aucun vestige; il est évident que ce n'est pas le revêtement compliqué des minéraux clastiques, formé d'une gaine de limonite et d'une large couronne siliceuse qui a pu constituer le ciment originel. La limonite et les auréoles de quartz ont pris la place de l'ancien ciment.

Dans les parties où l'on rencontre les vides reconnus à la loupe, tous les minéraux sont également entourés de quartz secondaire, mais il s'est produit un arrêt dans le développement des auréoles, et par conséquent un comblement imparfait des interstices. L'accroissement secondaire a transformé plusieurs éléments détritiques en cristaux.

La substitution de nouveaux contours aux contours primitifs des grains enlève à ceux-ci leur caractère clastique, aussi la roche en question est-elle un *quartzite* typique. Elle offre un exemple unique, à ma connaissance, de conservation parfaitement nette de la forme première des grains de quartz grâce à leur enduit de limonite, en même temps qu'elle accuse un accroissement secondaire d'une importance exceptionnelle. C'est une roche idéale pour montrer aux élèves le mécanisme de la formation des quartzites par nourrissage des grains de sable.

Quartzite de Compiègne (Oise).

(Coll. Mines.)

Cette roche a été recueillie dans le « diluvium » de Compiègne.

Caractères lithologiques. — Roche grise à cassure très écailleuse et à grain très fin. Nombreuses Cyrènes solidement fixées à la roche, petits débris de coquilles clairsemés. A la loupe on constate que tous les minéraux sont tranchés par la cassure.

Étude micrographique — Quartz en grains très réguliers présentant toujours un accroissement secondaire. Bien qu'il soit souvent difficile d'en discerner les contours primitifs, on peut s'assurer qu'ils étaient contigus à l'origine.

Avec les grains de quartz très dominants on rencontre de nombreux fragments de *silex* gris sale et calibrés, de rares feldspaths *orthose* et *plagioclase* et quelques éléments de carbonate de chaux ancien.

La silice secondaire ne s'est développée qu'autour du quartz; elle a laissé quelques vides.

Cette roche déterminée grès réalise un bon type de *quartzite;* elle dérive d'un sable dont les matériaux constituants étaient juxtaposés.

IMPRIMERIE NATIONALE.

RÉSUMÉ ET CONCLUSIONS.

Les caractères qui distinguent les « grès » de l'argile plastique sont les suivants :

1° Fréquence des fragments de silex et des débris feldspathiques;
2° Absence des minéraux lourds;
3° Abondance des inclusions dans le quartz;
4° Absence absolue des microorganismes.

Les seuls grès proprement dits de l'argile plastique sont des grès à ciment de limonite et de pyrite; tous les autres rentrent dans le groupe des quartzites et se rapportent soit aux *quartzites-grès*, soit aux *quartzites typiques*.

L'importance de l'accroissement secondaire qui transforme les sables en quartzites est sujette à de grandes variations; dans tous les cas, la roche est un peu poreuse.

CHAPITRE III.

GRÈS LANDÉNIENS.

La formation landénienne est riche en grès dans le Nord de la France. Les sables d'Ostricourt, qui constituaient autrefois le Landénien supérieur, réalisent plusieurs facies que M. Gosselet a distingués sous des noms différents, et dont le plus intéressant est pour nous le *facies cambrésien*.

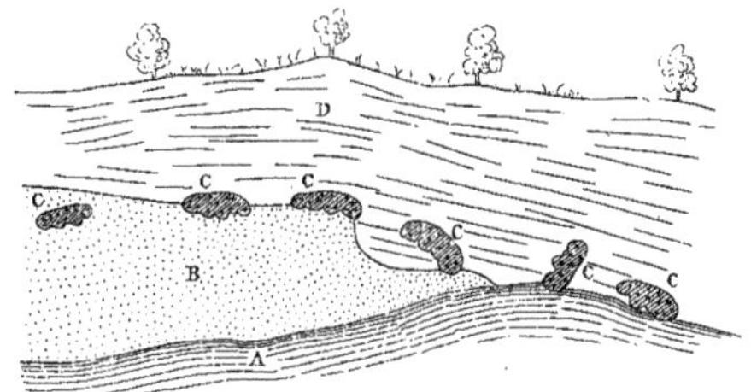

Fig. 2. — Carrière des environs de Solesmes (Nord).
(Coupe de M. Gosselet.)

A. Déblais de la sablière. — B. Sables landéniens. — C. Blocs de grès inclus dans le sable, placés à la limite du limon et du sable, ou remaniés dans le limon.

Les sables du facies cambrésien contiennent à la partie supérieure des bancs de grès durs, solides, mamelonnés vers la face inférieure, tandis que la face supérieure est plus ou moins plane (fig. 2, *c*).

Généralement le sable qui enveloppait le grès a été entraîné par les courants diluviens; les blocs de grès ont été déchaussés; parfois ils sont restés sur place, en descendant au fur et à mesure de l'enlèvement du sable; d'autres fois ils ont roulé sur les pentes des collines.

Dans l'un et l'autre cas, ils sont ensevelis dans le limon qui s'est déposé ultérieurement[1].

[1] J. GOSSELET, *Esquisse géologique du Nord de la France*, fasc. III, p. 229 et suiv., 1883.

Les grès de ce niveau ont fourni d'excellents pavés, pour toutes les routes du Nord de la France.

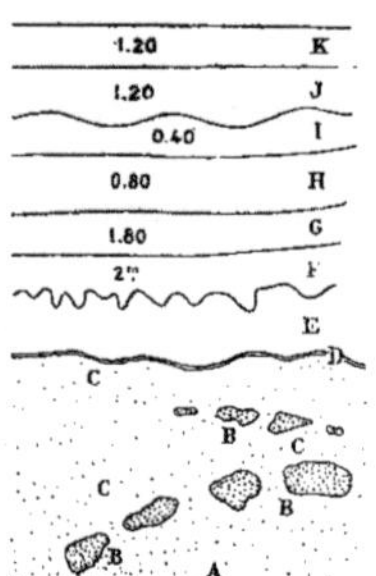

Fig. 3. — Carrière de grès de Fontaine, près Landrecies (Nord).

A. Sable? — B. Blocs de grès. — C. Limon gris d'apparence panachée, très sableux passant à la glaise blanche. — D. Ligne noire (o m. o5) verdâtre à la surface supérieure. — E. Limon panaché à larges panachures. — F. Limon panaché 2 mètres. — G. Limon à points noirs o m. 8o. — H. Limon fendillé o m. 8o. — I. Limon gris o m. 4o. — J. Ergeron 1 m. 20. — K. Terre à briques 1 m. 20.

Les sables d'Ostricourt se rencontrent avec leur facies cambrésien dans le Nord, l'Artois, la Picardie et l'Ardenne, c'est-à-dire dans la partie septentrionale du Bassin parisien.

Grès ferrugineux de Regniowez, près Rocroi (Ardennes).

(Communiqué par M. Leriche.)

Caractères lithologiques. — Grès de couleur très brune, montrant à l'œil nu de nombreux petits grains de quartz, qui se détachent avec un éclat gras très marqué sur un fond ferrugineux jouant le rôle de ciment. La roche est assez cohérente pour que la cassure tranche tous les éléments de quartz.

Étude micrographique. — Grains de quartz de dimensions très variées, anguleux ou plus rarement arrondis; quelques éléments ont la physionomie d'éclats et d'esquilles à angle vif; les uns sont pauvres en inclusions, les autres en sont farcis. Agrégats très fréquents. Extinction parfois très onduleuse. Quelques lamelles de *muscovite* et de *zircon*.

Aucune trace d'organismes.

Les minéraux ne se touchent pas; ils sont plongés dans un ciment d'hématite brune très développé, susceptible de l'emporter par places. L'isolement
des minéraux implique l'existence d'un ciment primitif. Je considère le ciment

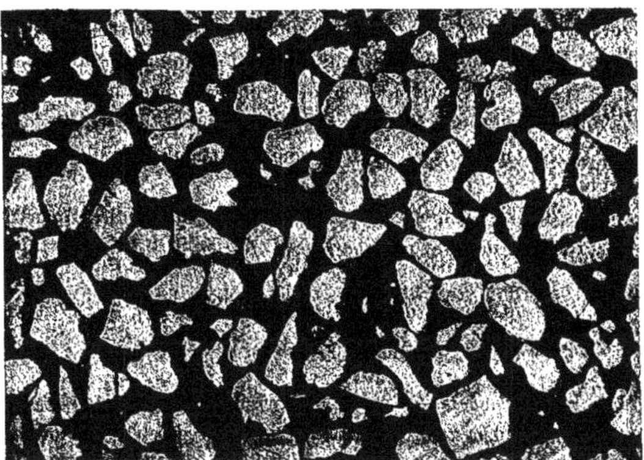

Fig. 4. — Grès à ciment de limonite de Regniowez, près Rocroi (Ardennes).

Photographie d'une plaque mince. Gross. = 60 diamètres. Lumière naturelle. — Les minéraux détritiques sont blancs;
le ciment ferrugineux est noir.

ferrugineux comme secondaire, et je suppose — en faisant état de nombreuses observations que j'ai faites sur les minerais de fer — que le premier
ciment était calcaire, et que la limonite a pris la place du carbonate de chaux.

Grès-quartzite de Féron (Nord).

(Musée Lille, n° 7011.)

Caractères lithologiques. — Roche gris sale, très finement rugueuse au
toucher. A la loupe, on reconnaît des parties très cristallines, dans lesquelles
le contour des grains est indiscernable, et qui se signalent par une cassure
écailleuse et une teinte beaucoup plus claire. Le reste de la roche est franchement gréseux, formé de grains d'aspect gras, paraissant plongés dans un ciment
beaucoup plus fin. Traces de nombreuses radicelles.

Étude micrographique. — Roche composée de grains de quartz de diamètre extrêmement variable, anguleux ou arrondis, de nombreux *zircons*, de *tourmaline* et de *rutile* rares.

Par endroits, les éléments de quartz grossis par accroissement secondaire se touchent sans laisser de vides et engendrent des plages d'un véritable quartzite.

Ailleurs, les quartz conservés dans leur état primitif sont réunis par un ciment de composition variable et forment un grès. La trame qui les enveloppe comprend, suivant les points, de petits grains de quartz enveloppés de limonite, de limonite seule, ou de menues particules de quartz associées en mosaïque.

Les plages de grès l'emportent très notablement sur celles de quartzite. Je donne à la roche le nom de *grès-quartzite*.

Quartzite-grès de Bousies (Nord).

(Musée Lille, n° 7086.)

Caractères lithologiques. — Roche blanc grisâtre et saccharoïde. Cassure un peu écailleuse par places. Quelques petits vides, discernables à la loupe.

Étude micrographique. — Grains de quartz de toutes dimensions, dont quelques-uns très petits, presque toujours remplis d'inclusions solides qui troublent leur limpidité et leur donnent un aspect sale. Rares grains et prismes incomplets de *zircon*; *muscovite* et *tourmaline* représentées par un seul élément.

Suivant les points, les grains de quartz étaient juxtaposés, agglutinés par un ciment originel. Ils présentent pour la plupart un accroissement secondaire. Les vides non oblitérés ont la forme de coins. Il y a prédominance des plages de quartzite, d'où la roche est un *quartzite-grès*.

Quartzites-grès du bois de Rocogne, près Péronne (Somme).

(Coll. Mines.)

Caractères lithologiques. — Roche grise un peu teintée en brun par des infiltrations ferrugineuses. Grains noirs de silex. Cassure d'aspect gras, traversant tous les grains de quartz. A la loupe, les éléments paraissent intimement soudés, et l'on distingue quelques vides.

Étude micrographique. — Grains de quartz à peu près calibrés. Il en est qui sont bourrés d'inclusions de *rutile* en aiguilles simples ou maclées, et qui dérivent certainement de roches métamorphiques. Nombreux débris de *silex*, grains de *feldspath*, un seul *zircon*.

Les minéraux étaient juxtaposés ou non. La plupart des éléments de quartz sont pourvus d'une couronne de quartz secondaire très limpide, délimitée par les impuretés qui incrustent le bord primitif des grains et par les nombreuses inclusions solides qui souillent les noyaux de quartz ancien. L'extinction roulante, visible dans quelques quartz, se manifeste également dans leurs enveloppes secondaires.

En une foule de points, les grains n'ont subi aucun accroissement et laissent entre eux des vides dont quelques-uns sont remplis de limonite. La roche est un *quartzite-grès.*

Quartzite-grès de Proix (Aisne).

(Coll. Mines.)

Caractères lithologiques. — Roche gris blanc, fine, saccharoïde, à cassure écailleuse, très rapeuse au toucher. Éclat gras très prononcé à la loupe.

Étude micrographique. — Cette roche réalise un type très voisin du précédent, caractérisé par du quartz souvent rempli d'inclusions solides et d'un aspect gris sale, par de nombreux fragments de silex et de très rares *zircons.*

Les minéraux sont juxtaposés. La plupart des grains de quartz sont pourvus d'une auréole secondaire, généralement peu développée. Si l'on tient compte de l'importance de l'accroissement secondaire, l'existence d'un ciment primordial s'impose pour certaines plages; d'où la présence probable d'un ciment originel calcaire reliant les minerais juxtaposés ou séparés.

Le quartz secondaire existe dans la roche sous trois formes :

1° Il constitue les auréoles des grains de sable ;

2° Il figure exceptionnellement à l'état de quartz grenu, jouant le rôle de ciment; *l'une des plages de quartz microscristallin renferme du carbonate de chaux déchiqueté, vestige du ciment primitif;*

3° Le quartz secondaire a donné naissance à des grains aussi volumineux que le quartz clastique. Des intervalles séparant plusieurs éléments sont aujourd'hui occupés par un seul grain de quartz secondaire. On peut rapporter en toute certitude à ce groupe des individus pétris d'inclusions calcaires et dans lesquels la calcite peut même l'emporter sur la silice. Il est probable qu'une partie des quartz très limpides ont la même origine.

Il reste de nombreux vides, soit entre les éléments qui ont conservé leurs contours originels, soit entre des grains dont l'accroissement secondaire a été trop faible pour les combler.

Le « grès » de Proix est un *quartzite-grès* poreux. La structure caractéristique du quartzite est réalisée par un double processus : il y a nourrissage des grains anciens et genèse de grains nouveaux ; bref le *quartzite est composé de grains clastiques auréolés et d'éléments entièrement secondaires.*

Les inclusions calcaires, retrouvées aussi bien dans le ciment de quartz grenu que dans les volumineux grains secondaires, sont autant de preuves de l'existence d'un ciment calcaire et de l'épigénie de ce calcaire par le quartz secondaire.

Quartzite-grès et grès-quartzite d'Estrée, près Arleux (Pas-de-Calais).

[«**Grès bisette**», de M. GOSSELET.]

(Musée Lille, n° 9823.)

(Planche VII, fig. 13.)

M. Gosselet[1] a appelé l'attention en 1898 sur un grès landénien recherché dans le Pas-de-Calais pour l'empierrement des routes ; c'est une roche très dure, « d'aspect un peu cireux », à laquelle on a donné le nom de *Bisette*. Les collines des environs d'Arleux étaient couronnées par des grès d'où l'on a tiré une grande quantité de pavés et de pierres de construction que l'on taillait sur place. Le grès bisette est assez abondant dans les anciens débris d'exploitation ; il était rejeté par les ouvriers qui ne pouvaient le tailler régulièrement.

M. Gosselet n'a observé le grès bisette que vers le sommet des collines. Quand il est en place, comme autour du dolmen de Hamel, il « constitue une petite couche de grès plus ou moins cassée et brisée dans une argile sableuse grise ». Il serait, suivant le même auteur, « le produit d'une sorte de métamorphisme atmosphérique ». La transformation subie par la roche aurait

[1] J. GOSSELET, Excursion du 27 février 1898 au Hamel (*Ann. Soc. géol. Nord*, t. XXVII, p. 13, 1898).

beaucoup d'analogie avec celle du grès de Marlemont étudié par M. Ch. Barrois et dont il sera bientôt question.

Caractères lithologiques. — La roche est de couleur gris foncé, sauf à la périphérie où la teinte passe *brusquement* au gris clair. A la loupe on discerne partout un ciment qui présente la couleur même du grès. L'aspect terne et amorphe du ciment fait ressortir les grains de quartz surtout dans les parties claires. La masse principale des échantillons, colorée en gris foncé, offre une cassure irrégulière, un peu satinée, qui tranche sans exception tous les minéraux; par places elle tend à devenir régulière, plane et franchement lustrée. La cassure du bord gris clair est semi-grenue; elle ne coupe qu'un petit nombre de minéraux. La séparation des deux types de grès est nette et les caractères de la cassure, en même temps que la coloration, changent brusquement de part et d'autre de la ligne de contact.

Étude micrographique. — Les éléments détritiques appartiennent presque tous au quartz; ce sont des grains très purs, anguleux, ou de forme générale arrondie; plusieurs individus renferment de longues et fines aiguilles de *rutile*. Quelques cristaux fragmentaires de *tourmaline*, des grains de *rutile* et de *zircon* complètent la série des matériaux de transport.

Les organismes ne comptent aucun représentant.

L'étude minutieuse du dépôt révèle des différences de structure et de composition entre les deux parties de la roche. Je vais caractériser successivement le grès bisette « d'aspect cireux », et sa bordure gris pâle.

1° *Grès bisette.* — Les caractères morphologiques des grains de quartz qui le constituent sont sujets à de grandes variations :

A. A côté d'éléments à contours arrondis ou anguleux et franchement limités (*a*), on en rencontre qui sont munis d'une infinité de petits prolongements irréguliers, pénétrant dans le ciment dans toutes les directions (*b, c*). Ces grains dentelés ou étoilés à la périphérie sont en majorité.

B. D'autres éléments moins fréquents, et pourtant très nombreux, n'ont que des contours très vagues et passent insensiblement sur leurs bords au ciment; il est de toute impossibilité d'en tracer la limite, en raison de la fusion des contours avec la silice du ciment.

C. Des grains clastiques sont profondément et capricieusement découpés. Il en est qui présentent des étranglements tels que la moindre agitation des eaux aurait dû les morceler, si les découpures étaient originelles. L'étude de certains quartz déchiquetés prouve avec évidence que leur forme très découpée est secondaire et non originelle. Un des témoignages les plus décisifs à ce point de vue est fourni par des éléments qui se décomposent en plusieurs petits grains à contours irréguliers, complètement isolés dans le ciment et tous pourvus de la même orientation optique. Il en résulte que des quartz ont été rongés *in situ*, et que le phénomène de corrosion a parfois déterminé le morcellement des éléments.

Les deux premières manières d'être du quartz sont la conséquence d'un nourrissage très irrégulier qui a donné naissance à une couronne de quartz secondaire dont le bord interne est visible ou non.

Les minéraux du grès bisette sont presque contigus. Ils sont agglutinés par un ciment, d'apparence plus ou moins sale en lumière blanche, et qui se résout en opale indifférenciée généralement dominante, accompagnée de quartz très finement grenu.

Les petits granules de quartz à peine perceptibles aux faibles grossissements gisent pêle-mêle au milieu de la trame d'opale; ils sont susceptibles de se multiplier par places au point d'engendrer une mosaïque extrêmement fine.

2° *Étude de la bordure gris pâle des grès bisettes.* — La périphérie des échantillons teintée en gris pâle se distingue par trois caractères de la masse principale de la roche :

A. Les minéraux pourvus de leurs contours originels dominent de beaucoup. Les individus modifiés par accroissement secondaire ne diffèrent en rien de ceux du grès bisette, sauf qu'ils sont en minorité.

B. Le ciment est plus développé, et l'emporte même sur les minéraux en quelques points.

C. Il est essentiellement composé d'opale indifférenciée, additionnée de quartz microcristallin tout à fait accessoire. Le ciment est beaucoup moins cristallisé que dans le grès coloré en gris foncé. En lumière blanche, son aspect est d'autant plus sale que la silice amorphe est plus abondante.

Conclusions. — La roche participe de la nature du grès par ses éléments à contours non modifiés et de la structure du quartzite par l'effacement des contours clastiques chez de nombreux individus.

Les parties dures appelées bisettes par les carriers sont des *quartzites-grès* à ciment d'opale et de quartz. Les parties gris clair rentrent dans la catégorie des *grès-quartzites* à ciment d'opale très dominante et de quartz.

Les deux cassures observées correspondent à des structures et à des états d'agrégation bien distincts. La cassure est plane — et tranche tous les grains — lorsque les éléments de quartz font corps avec le ciment; entre les minéraux à contours dentelés et irréguliers et le ciment, il y a une adhérence très prononcée qui donne au dépôt une cohérence exceptionnelle. La cassure est semi-grenue, et ne traverse que la minorité des grains, quand la plupart des minéraux ont conservé leur forme clastique.

Quant aux différences de coloration, elles s'expliquent en partie par d'importantes différences dans la composition et la proportion du ciment suivant les points.

La non-juxtaposition des minéraux implique l'existence d'un ciment primordial qui n'est certainement pas le ciment actuel.

Grès-quartzite et quartzite-grès de Lignereuil (Pas-de-Calais).

(Musée Lille, n° S. 7857.)

Cette roche fait partie, comme la précédente, de la série des grès bisettes.

Caractères lithologiques. — Les échantillons comprennent deux parties, caractérisées par des structures notablement différentes et passant graduellement de l'une à l'autre.

Le grès est lustré à la périphérie et terne au centre. Le grès lustré est teinté en gris très foncé, doué d'un éclat gras très marqué et d'aspect satiné; à la loupe, on discerne difficilement un ciment, et toute la masse semble cristalline. Les parties non lustrées sont d'un gris clair très mat; elles sont parsemées de petits points miroitant en tous sens; à la loupe on distingue de petites sections de quartz gras, isolées dans un ciment gris clair. La délimitation des deux types de grès est très irrégulière.

Étude micrographique. — 1° GRÈS NON LUSTRÉ. — Les minéraux sont repré-

3.

sentés par des éléments de quartz de dimensions très variées, auxquels s'ajoutent quelques *tourmalines* et du *zircon* en grains arrondis ou brisés.

Les matériaux les plus volumineux sont arrondis; tous les autres, c'est-à-dire la grande majorité, ont une forme anguleuse, parfois même très découpée. Les contours des éléments sont nettement arrêtés et donnent l'impression de corps tout à fait indépendants du ciment, un certain nombre de grains se signalent par des bords un peu dentelés avec des limites indécises. Il y aura lieu de revenir sur cette particularité en étudiant les grès lustrés. L'accroissement secondaire n'est visible que chez un très petit nombre d'individus.

Les minéraux sont juxtaposés ou non; il est nécessaire de faire intervenir un ciment primordial, en raison des nombreuses plages constituées par des éléments séparés.

Le ciment actuel est du quartz très finement grenu. Le caractère détritique de la plupart des grains de quartz, ainsi que la nature du ciment, permettent de ranger les grès non lustrés dans la catégorie des *grès quartzeux*. Mais il convient de tenir compte de la présence des éléments à contours dentelés qui ont perdu toute apparence clastique. La roche est un *grès-quartzite à ciment de quartz*.

2° GRÈS LUSTRÉ. — Les minéraux sont identiques à ceux des parties non lustrées; ils figurent avec la même abondance et laissent la même place au ciment. Les caractères de composition et de structure de la gangue sont rigoureusement ceux des grès non lustrés.

L'unique particularité qui distingue les deux roches est relative aux contours des minéraux et à leurs rapports avec le ciment. Les parties non lustrées montrent, de distance en distance, comme je l'ai noté plus haut, des grains irréguliers à bords dentelés. Ce groupe d'éléments devient prépondérant dans le grès lustré et lui communique toutes les propriétés qui en font une roche à part.

A. On rencontre partout dans les sections des grains de forme générale très irrégulière, dont le pourtour est finement dentelé ou frangé. Le ciment de quartz microcristallin pénètre dans toutes les découpures de la surface; il en résulte une attache intime entre la gangue siliceuse et la plupart des minéraux qui y sont plongés.

B. De plus on observe dans maints individus une bordure nuageuse qui se traduit en lumière polarisée par un passage insensible des éléments au quartz du ciment. Tel grain s'avance profondément dans le ciment par des prolongements sans limites tranchées. Il y a littéralement soudure entre le minéral et la silice du ciment.

C. Un autre phénomène concourt également à assurer l'adhérence des grains de quartz et de la gangue, bien qu'il soit réalisé à très petite échelle. Il y a dans cette roche des exemples très nets de corrosion des grains clastiques, de véritable résorption de la silice, consécutive de la consolidation du dépôt. La genèse de petits golfes, d'anfractuosités irrégulières envahies par le ciment quartzeux, rend plus solide encore le lien entre le ciment et les minéraux qu'il englobe.

Il s'établit par les différents processus analysés une solidarité étroite entre les grains de quartz et le ciment. La structure observée rend les minéraux et le ciment absolument inséparables. C'est le point de départ de l'apparence lustrée du grès de Lignereuil et de la couleur spéciale des parties lustrées, ainsi que je le montrerai dans le chapitre des conclusions.

La majorité des minéraux ayant perdu leurs contours clastiques, le grès lustré doit être rangé dans les *quartzites-grès à ciment de quartz*.

«Grès» de Marlemont (Ardennes).

(Musée Lille.)

Le « grès » de Marlemont fait partie du Landénien des Ardennes, caractérisé par des blocs épars à la surface des terrains jurassiques et crétacés. Ces blocs sont généralement isolés, non roulés, simplement arrondis et émoussés sur les bords; quelques-uns ont conservé les surfaces mamelonnées si caractéristiques des grès landéniens. Ils sont percés de trous profonds et arrondis que l'on a considérés comme des trous de Pholades. « En les brisant on reconnaît que beaucoup d'entre eux présentent à leur intérieur des traces d'impressions irrégulières, dichotomes, qui rappellent des impressions de racines. »

En les suivant pas à pas, M. Barrois[1] a reconnu leur dissémination régulière et uniforme sous forme de blocs, et leur continuité primitive avec des couches tertiaires conservées vers l'intérieur du Bassin de Paris.

[1] Ch. Barrois, Sur l'étendue du système tertiaire inférieur dans les Ardennes et sur les argiles à silex (*Ann. Soc. G. Nord*), t. VI, p. 370. 1878-1879).

Tandis que les blocs de la région tertiaire sont des grès véritables à ciment siliceux et ferrugineux, ceux que l'on rencontre dispersés dans la région de Marlemont ont le caractère de quartzites. M. Barrois a montré que ces quartzites sont issus de grès, transformés sous des influences extérieures, et que la métamorphose s'est faite graduellement de la surface vers le centre. Il a reconnu des blocs qui sont encore à l'état de grès à l'intérieur et dont la périphérie est en quartzite. Le durcissement et le passage au quartzite s'observent également à l'intérieur, le long des creux laissés par les racines. Marlemont est la localité la plus occidentale où l'on trouve des blocs de quartzite tertiaire. M. Barrois y a signalé des échantillons de grès couverts d'un revêtement de quartzite réduit à une épaisseur de o m. o2. A mesure qu'on s'éloigne de Marlemont vers l'Est, on reconnaît que les blocs tertiaires sont de plus en plus modifiés, la couche de quartzite atteint souvent o m. 20; puis des blocs entiers sont transformés en quartzite. La métamorphose, d'abord superficielle, devient donc de plus en plus profonde, à mesure qu'on s'avance vers l'Est et que les blocs ont été exposés plus longtemps à l'action des agents atmosphériques.

J'ai étudié des préparations de deux échantillons de Marlemont. J'ignore en quels points des blocs ils ont été prélevés. Ils présentent d'importantes différences de structure conformes aux déterminations de M. Barrois.

I. GRÈS-QUARTZITE ET QUARTZITE-GRÈS QUARTZEUX.

(Musée Lille, n° 11099.)

(Planche VIII, fig. 16.)

Caractères lithologiques. — Roche brun clair, à cassure irrégulière et fine; grain imperceptible au toucher. Avec une forte loupe, la cassure apparaît finement cristalline.

Étude micrographique. — Grains de quartz formant au plus la moitié de la roche, tous plus ou moins anguleux, généralement très petits et de diamètre variable. Les grains les plus volumineux passent par une foule d'intermédiaires aux éléments les plus petits du ciment. Ces minéraux se répartissent en trois catégories :

1° Un assez grand nombre d'individus ont un aspect fragmentaire très marqué. Leur forme aussi bien que leurs angles vifs permettent de les comparer à des *éclats de quartz.*

2° De nombreux éléments ont des contours dentelés, frangés et nettement arrêtés ou pourvus de limites très vagues qui donnent l'impression d'un passage insensible au ciment.

3° Le dernier groupe comprend des grains corrodés, profondément découpés; le ciment pénètre dans toutes les cavités irrégulières qui les entaillent.

Le ciment est siliceux. Il est toujours très développé et parfois même prépondérant. Sa composition varie suivant les points. Le plus souvent il est exclusivement composé de menus grains de quartz associés en mosaïque. L'opale s'ajoute au quartz pour constituer certaines plages qui paraissent en grande partie isotropes aux faibles grossissements, mais qui sont composées de quartz dominant. Les espaces où figure l'opale se signalent par une teinte gris jaune sale. Le passage du ciment cristallin au ciment opalifère se fait graduellement.

Ce premier échantillon de Marlemont s'éloigne beaucoup de toutes les autres roches décrites dans ce travail; c'est un *quartzite-grès* ou un *grès-quartzite*, suivant le degré de fréquence des grains de quartz non modifiés. Selon toutes probabilités, il a été prélevé à la périphérie d'un bloc de grès « métamorphisé » par l'atmosphère.

2. QUARTZITE-GRÈS.

(Musée Lille, n° A-13.)

Échantillon inconnu.

Étude micrographique. — Grains de quartz à peu près calibrés, plus gros que dans les spécimens décrits plus haut; un des éléments est très riche en aiguilles de rutile. Les autres minéraux sont réduits à un seul grain de *tourmaline.*

La plupart des quartz ont une auréole secondaire et ne laissent que de petits vides en forme de coins. La largeur de l'auréole est telle que l'intervention d'un ciment primordial est nécessaire.

La roche est un *quartzite-grès* bien caractérisé, dépourvu de ciment et très différent des quartzites-grès décrits plus haut.

Je n'ai pas à ma disposition les matériaux nécessaires pour pénétrer complètement le mystère qui plane encore sur les grès de Marlemont. Les deux préparations étudiées m'ont été procurées par M. Gosselet; elles sont tirées de roches très différentes. Le quartzite-grès sans ciment présente de grandes affinités avec les autres « grès » landéniens, tandis que l'échantillon pourvu d'un ciment en est profondément distinct. La différence s'accuse encore pour un autre type, également tiré de l'échantillon n° 11099, dans lequel le ciment est tellement développé qu'il est impossible de le ranger parmi les « grès ».

M. Barrois, qui a soumis différents grès de Marlemont à une étude micrographique, a montré combien la transformation qu'ils ont subie est singulière et difficile à interpréter :

« L'étude microscopique de ces blocs ne m'a pas permis de comprendre l'origine et le mode de formation de cette curieuse altération. La partie centrale des blocs de Marlemont, vue au microscope, est identique aux *grès des Lignites* du Bassin de Paris; elle est formée de gros grains de quartz, roulés, clastiques, et polarisant vivement... Les coupes de la partie corticale des blocs de Marlemont ne montrent plus que de rares gros grains roulés clastiques. Cette roche, vue à la lumière naturelle, paraît formée de très petits grains de quartz à contours très irréguliers et à angles très vifs; ils paraissent noyés dans une pâte transparente... entièrement formée de grains de quartz extrêmement petits... Tous ces grains polarisent vivement et indépendamment les uns des autres; il n'y a aucune orientation. La roche est donc une véritable poussière de quartz en grains anguleux, rappelant ceux du limon, leur petitesse est telle qu'on ne voit entre eux aucune lacune, aucun intervalle. »

M. Gosselet a donné de cette métamorphose l'explication suivante :

« L'observation de M. Ch. Barrois, écrit-il dans *L'Ardenne* (p. 831), est des plus importantes, car ces roches constituent un bel exemple de *métamorphisme atmosphérique*. On ne peut guère douter que la pulvérisation du quartz dans la zone corticale ne soit due aux alternatives de chaleur et de gel. Ce serait un phénomène analogue à celui qui se passe dans l'éclatement des silex. En même temps, il y avait dissolution d'une partie de la silice par l'eau de pluie. Cette silice, en se consolidant dans les fentes, cimentait les fragments de quartz et augmentait la dureté de la roche. »

Cette explication de M. Gosselet semble donner une solution satisfaisante au problème posé. Il est pourtant bien difficile de concevoir comment l'action de l'atmosphère peut transformer un grès — essentiellement composé de gros grains de quartz clastique — en une roche radicalement différente, formée de menus grains de quartz, plongés dans un ciment susceptible de l'emporter sur les minéraux. Il faut qu'il y ait à la fois morcellement et dissolution partielle du quartz clastique. C'est une solution siliceuse, élaborée sur place aux dépens du quartz clastique, qui aurait donné naissance au ciment parfois très abondant et dominant, composé de quartz microcristallin associé ou non à de l'opale et à diverses impuretés.

J'ai relevé deux particularités qui paraissent favorables à la conception de M. Gosselet :

1° Des grains ont la forme d'éclats;

2° Un nombre très notable se signalent par des contours profondément corrodés.

Il convient d'ajouter que dans tous les cas où j'ai noté la présence de quartz rongés dans les quartzites, autres que ceux de Marlemont, le ciment pénètre dans toutes les découpures des minéraux. La corrosion du quartz s'étant opérée *in situ*, on est conduit à supposer que *le ciment s'est littéralement développé au détriment des éléments clastiques*. Ce qui est l'exception pour l'ensemble des quartzites serait la règle pour la roche de Marlemont.

Il est acquis que beaucoup de grès landéniens ont été démantelés et soumis aux agents atmosphériques au même titre que le grès de Marlemont; il est singulier qu'ils n'aient enregistré aucune trace de morcellement des grains de quartz par éclatement. C'est pour ce motif que je désire réserver mon opinion sur le mécanisme de la fragmentation des grains de quartz. Les observations de M. Barrois ont établi que les influences atmosphériques sont le point de départ des métamorphoses du dépôt; j'ai montré que le phénomène de dissolution de la silice, supposé par M. Gosselet, a contribué à transformer le grès. Je ne me prononcerai sur le mécanisme du morcellement des grains de sable qu'après avoir étudié de nouveaux matériaux. L'explication cherchée doit se trouver dans la *zone de passage* du grès au quartzite. Peut-être nous dira-t-elle que le morcellement est en partie l'œuvre des phénomènes de corrosion.

Quartzite-grès de Stonne (Ardennes).

(Musée Lille, n° 817.)

Le « caillou de Stonne » se rattache par son gisement au « grès » de Marlemont. M. Gosselet[1] le définissait en 1881 « un grès siliceux, presque un quartzite, perforé de nombreux trous cylindroïdes ». A Stonne la roche gît en blocs isolés, à la base du limon, absolument comme le grès landénien du

[1] J. GOSSELET, Sur le caillou de Stonne (*Ann. Soc. G. Nord*, t. VIII, p. 205. 1880-1881).

Nord. Sa disposition est tellement irrégulière qu'on le recherche à la sonde. Le « caillou de Stonne » jouit dans le département des Ardennes d'une grande réputation pour l'entretien des routes [1].

Caractères lithologiques. — Roche gris clair, compacte et très dure. Cassure très fine, écailleuse. A la loupe, on distingue un ciment dans lequel les grains sont assez solidement fixés pour qu'ils soient tous tranchés par la cassure. Petites vermiculures fréquentes.

Étude micrographique. — Grains de quartz de toutes dimensions, anguleux ou arrondis, ne se touchant presque jamais et inégalement distants. Rares *orthose* et *zircon*. Beaucoup de quartz ont conservé leurs caractères détritiques, mais la majorité des éléments sont hérissés de petites pointes, de prolongements irréguliers, parfois ramifiés ou affectant la forme de crochets. Certaines de ces pointes irrégulières pénètrent profondément dans le ciment et contribuent à rendre la roche dure et exceptionnellemnnt cohérente. Cette modification dans les contours des grains de sable est le résultat d'un accroissement secondaire très inégal, susceptible de n'affecter qu'une partie de la surface. En général, il n'existe aucune séparation entre le grain de quartz et son enveloppe dentelée de silice secondaire, si bien qu'un examen rapide des sections évoque immédiatement l'idée de minéraux rongés. A côté des individus dont les caractères morphologiques s'expliquent par un nourrissage très capricieux, il en est qui sont profondément échancrés et dont les découpures profondes semblent provenir d'un phénomène de dissolution et non d'un accroissement secondaire. J'ai donné plus haut un argument décisif en faveur de la corrosion des grains de quartz.

Le ciment est principalement formé de quartz grenu très fin. On rencontre, de ci de là, des îlots essentiellement constitués par de l'opale indifférenciée parsemée de petits grains de quartz secondaire, et des plages où le quartz très dominant est associé à l'opale. Bref, entre la mosaïque de quartz qui constitue le ciment, dans la plus grande partie de la roche, et les taches d'opale presque pures, il y a tous les passages.

La pierre de Stonne est un *quartzite-grès* à ciment de quartz grenu. Elle ne peut être attribuée aux quartzites qu'en modifiant la conception de ce groupe.

[1] J. Gosselet, Deuxième note sur le caillou de Stonne (*Ann. Soc. G. Nord*, t. XVIII, p. 170; 1890).

Quartzite de Noyelles-sous-Bellonne (Pas-de-Calais).

(Musée Lille.)

Caractères lithologiques. — Roche blanche, grenue, rugueuse au toucher. Cassure peu écailleuse. A la loupe, on distingue quelques vides, mais les parties qui en sont dépourvues dominent.

Étude micrographique. — Quartz en grains de diamètre très variable, les uns purs, les autres pétris d'inclusions solides qui en suppriment presque complètement la transparence. Très rares agrégats. Grains arrondis de *zircon* assez fréquents.

Presque tous les vides ont disparu par nourrissage du quartz; la limite première des grains est généralement très apparente. Une partie des éléments étaient peut-être contigus à l'origine. L'intervention d'un ciment secondaire est nécessaire pour un grand nombre d'individus. Les rares vides qui ont persisté résultent d'un arrêt de développement dans l'accroissement secondaire; quelques-uns sont oblitérés par du quartz grenu.

Le « grès » de Noyelles est un *quartzite* typique, faiblement poreux.

Quartzite et grès à silex de Beuzeville (Seine-Inférieure).

(Musée Lille.)

Caractères lithologiques. — « Grès » très cristallin renfermant des silex remaniés. Dans son ensemble, la roche est blanche, un peu rose et très rugueuse. Elle se montre à la loupe dépourvue de ciment, avec une cassure très inégale qui tranche tous les grains. Les parties voisines des silex présentent cette apparence, ou une structure toute différente caractérisée par l'existence d'un ciment. A la loupe, on distingue les grains de sable plongés dans un ciment qui paraît amorphe, du moins aux faibles grossissements. Le grès à ciment n'existe qu'autour des silex; mais le développement en est fort irrégulier. Un même silex est entouré d'un côté par du grès très cristallin et de l'autre par du grès à ciment, et ces deux types passent insensiblement de l'un à l'autre. La modification de structure en rapport avec les silex peut s'observer sur plus de 1 centimètre de large. Dans tous les cas, la soudure avec le silex est des plus intimes. Un coup de marteau coupe aussi bien les silex que les quartz, sans provoquer la désagrégation des éléments.

Étude micrographique. — L'étude des préparations tirées du même échantillon révèle l'existence de structures et de compositions très diverses. On trouve réunies dans la même roche, et souvent dans la même section, des structures de quartzite et de grès.

En beaucoup de points, les minéraux clastiques n'ont subi aucun accroissement; ce sont des grains de quartz très anguleux ou arrondis, de diamètre très variable. Des feldspaths *orthose* et *plagioclases*, des *tourmalines* incomplètes, des *zircons* et *rutiles* en grains s'observent à raison de quelques éléments par préparation. Les grains de sable n'étaient nulle part en contact à l'origine, mais ils étaient plus ou moins rapprochés, suivant les plages. Ces minéraux étant signalés une fois pour toutes, voyons quelles sont les différentes manières d'être du grès de Beuzeville.

1° Les minéraux sont plongés dans une trame d'opale indifférenciée. Le cas s'observe à grande échelle autour d'un silex. Cette partie de la roche est un *grès opalifère.*

2° Par places, le ciment d'opale devient progressivement cristallin; il s'éclaircit, se charge peu à peu de petits grains de quartz. Quand la transformation de l'opale est complète, on trouve à sa place une mosaïque de quartz secondaire extrêmement fine. Ce qui est l'exception en certains points devient la règle ailleurs, et la roche passe ainsi au *grès quartzeux.* Une pareille structure s'observe soit au contact même des silex, soit dans leur voisinage immédiat. Elle comporte par exception un commencement d'accroissement secondaire qui se traduit par l'apparition de petites franges, sur le bord du quartz clastique. Un seul élément plongé dans un ciment composé de quartz et d'opale présente une petite auréole secondaire très nette.

3° Un troisième type correspond à la disparition partielle du ciment. Le quartz détritique est auréolé; les grains se moulent les uns sur les autres en laissant quelques petits vides en forme de coins, comblés ou non par du quartz microcristallin. Il n'y a pas de passage graduel entre le terme précédent et celui-ci. De pareilles plages caractérisent un *quartzite à ciment de quartz.*

4° Dans les espaces qui séparent les grains auréolés, on reconnaît fréquemment des grains de quartz secondaire d'une grande limpidité, toujours dépourvus d'inclusions. Chaque vide laissé par plusieurs grains devenus contigus par accroissement secondaire est occupé par un seul quartz secondaire. L'élément qui prend naissance dans ces conditions offre des dimensions comparables aux petits grains de quartz clastique. Dans les plages ainsi constituées, il reste de petits vides en forme de coins. La roche qui correspond à ce quatrième type est un quartzite où l'on trouve moulés les uns sur les autres des matériaux de deux origines; c'est un quartzite composé de grains clastiques auréolés et de grains entièrement secondaires. Je n'ai observé cette manière d'être que dans les « grès » de Proix et de Beuzeville, et ce sont les seuls exemples rencontrés dans la série sédimentaire.

5° La dernière variété est un *quartzite* dont tous les grains étaient presque juxtaposés et qui ont tous subi un accroissement secondaire assez important pour oblitérer tous les vides. Cette structure est celle qui prend si facilement naissance dans les « grès » tertiaires du Bassin de Paris; on l'observe jusqu'au contact des silex; c'est elle qui caractérise la masse principale du grès; à une certaine distance, elle règne à l'exclusion de toutes les autres.

Il résulte avec évidence de la description précédente que la présence des silex a exercé une grande influence sur la nature et les transformations du ciment.

La roche, qui est normalement un quartzite d'un type banal, garde sa composition au contact des silex ou se modifie profondément autour de ces corps étrangers sur une épaisseur maxima de 1 centimètre environ.

Aux *modifications exomorphes* provoquées manifestement par les silex, s'en ajoutent d'autres dont les silex mêmes sont le théâtre, et que j'appellerai *endomorphes*.

A l'œil nu, les silex se comportent comme des galets à contours arrondis, franchement arrêtés. Au microscope, la ligne de contact est parfois dentelée. Le silex envoie de courtes apophyses dans le quartzite et le quartzite pénètre dans le silex. La structure même du silex est souvent modifiée. De cryptocristallin qu'il est normalement, il passe par exemple à une fine mosaïque de quartz. Ailleurs, au contact du grès opalifère, il est absolument impossible de dire où finit le silex; sa bordure est tout entière à l'état de silice amorphe, alors que le silex est partout très pauvre en opale. Il est clair que *le grès subit l'influence du silex, et qu'il réagit en modifiant plus ou moins la périphérie du silex.*

Le grès de Beuzeville appartient à la catégorie des grès à ciment primordial. En un point, le grès opalifère présente un développement exceptionnel de ciment d'opale qui forme une grande plage d'où le quartz clastique est presque exclus. Un Foraminifère silicifié s'y rencontre. Il devient ainsi probable que les grains de sable étaient reliés à l'origine par une boue calcaire.

La roche mère étant toujours un sable pourvu d'un ciment primordial calcaire, l'évolution du dépôt peut être exprimée par les trois tableaux suivants correspondant à trois hypothèses distinctes :

1° *Le ciment calcaire est transformé en opale ou en quartz microcristallin; en même temps, des grains de quartz subissent un accroissement secondaire.* — Les cinq structures qu'on rencontre dans la roche correspondent à un *même moment* de la formation du dépôt (fig. 5). L'opale et le quartz secondaire, avec ses différentes manières d'être, se déposent simultanément.

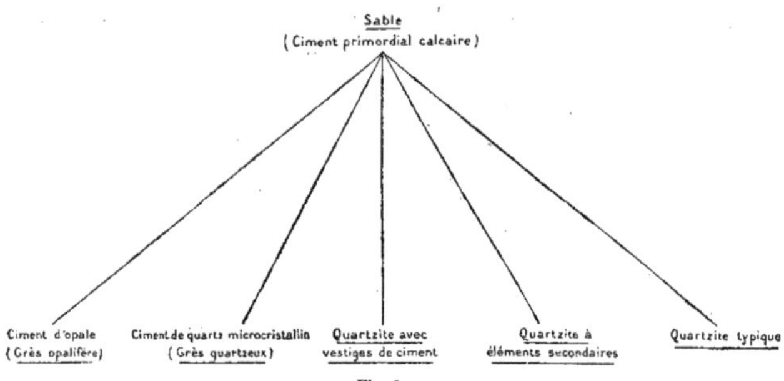

Fig. 5.

2° *Le ciment primordial calcaire est tout entier transformé en opale* (fig. 6). — De cette opale qui a pris la place du calcaire, il ne reste que les rares vestiges qui donnent naissance au grès opalifère. La majeure partie a cristallisé pour engendrer, ici, le quartz microcristallin, là, les auréoles secondaires des éléments des différents types de quartzite. Cette hypothèse est justifiée par le mélange intime de l'opale et du quartz grenu et surtout par l'apparence très découpée des îlots d'opale, inclus dans les mosaïques de quartz comme des témoins d'une formation primitivement plus étendue et qui aurait été en partie transformée en quartz secondaire.

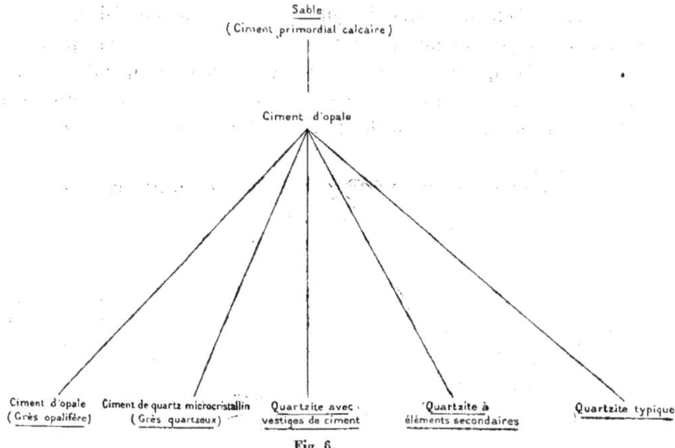

Fig. 6.

3° L'impossibilité de constater le passage de l'opale au quartz des auréoles conduit à formuler une troisième hypothèse. *Une partie de la roche a été pourvue d'un ciment d'opale* — elle correspond aux plages à ciment; — *l'autre partie est arrivée directement aux stades quartzites par développement d'auréoles secondaires aux dépens du ciment primordial calcaire* (fig. 7).

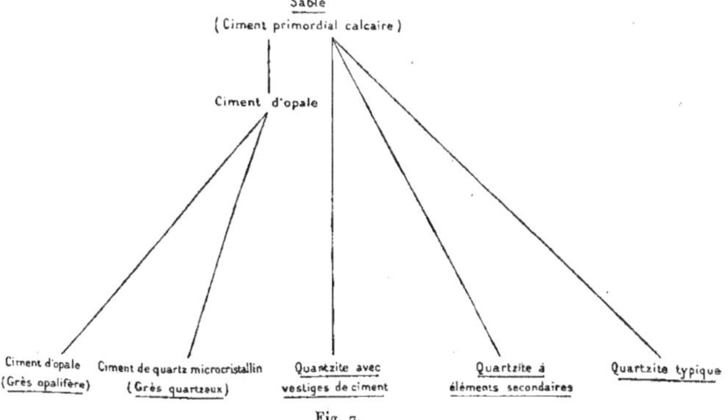

Fig. 7.

On verra à la fin de ce travail quelles sont les raisons qui plaident en faveur du premier type d'évolution du dépôt. Il implique une conséquence très importante, c'est que des variétés de silice très différentes, que des structures très diverses ont pris naissance au même moment, en des points très rapprochés, sous l'influence d'une seule et même solution siliceuse.

Quartzite et quartzite-grès de Cerfontaine (Nord).

(Musée Lille.)

(Planche X, fig. 21.)

Caractères lithologiques. — Roche grise, nuancée de rose, compacte, englobant des débris de phtanites noirâtres. La masse principale de l'échantillon apparaît très cristalline, saccharoïde et homogène. Ces caractères s'observent ou non jusqu'au bord des phtanites. Le plus souvent, la structure se modifie d'une façon très visible au contact et au voisinage des noyaux siliceux. La cassure devient un peu laiteuse, très fine et franchement lustrée; on discerne aisément à la loupe un ciment d'apparence amorphe dans lequel plongent les éléments de quartz. La soudure entre le « grès » et le phtanite est tellement intime qu'il est impossible de délimiter les deux parties soit à l'œil nu, soit à la loupe. On retrouve dans cette roche tous les caractères signalés dans les grès à silex de Beuzeville. La zone transformée en grès à ciment est très irrégulière et peut faire défaut. Sa largeur dépasse rarement 1 centimètre.

Étude micrographique. — L'examen macroscopique fait pressentir les plus grandes analogies entre la roche de Beuzeville et celle de Cerfontaine; l'examen microscopique confirme cette présomption. Je caractériserai rapidement les structures observées.

Grains de quartz de calibre différent, en contact ou non à l'origine, et le plus souvent séparés. Beaucoup d'éléments sont remplis d'inclusions solides et se signalent par une apparence laiteuse quand on les examine par transparence. Un élément de quartz est bourré de fines aiguilles de *sillimanite.*

A distance des phtanites, la roche est un *quartzite* dans lequel l'accroissement secondaire des grains a souvent laissé de petits intervalles vides.

Dans la direction du noyau siliceux, on voit apparaître, de distance en distance, de petits agrégats de quartz microcristallin remplissant les vides intergranulaires. Ces agrégats se multiplient rapidement et l'on passe, par degrés et insensiblement, à une roche dont les grains de quartz sont plongés dans un ciment de quartz microcristallin et d'opale accessoire. Cette composition s'observe jusqu'au contact des phtanites. On rencontre dans ce « grès » à ciment trois types de grains de quartz :

1° Des éléments à contours détritiques;

2° Des grains pourvus d'une auréole secondaire qui les a dotés d'un contour dentelé nettement arrêté;

3° Des individus qui semblent faire corps avec le ciment et qui se distinguent de tous les autres par une bordure nuageuse sans limites précises.

Les transformations qui s'opèrent dans un certain rayon autour des galets de phtanite sont de même nature que celles des grès à silex et moins complexes. Il reste évident que *les galets siliceux exercent dans leur voisinage une influence sur la composition et la structure du ciment*. La silice secondaire fixée dans la zone d'influence des phtanites subit une destinée spéciale et affecte des manières d'être qui font absolument défaut loin des corps siliceux.

La délimitation des enclaves de phtanite et du « grès » est souvent incertaine (Pl. X, fig. 21). Le phtanite en lumière polarisée peut être identique au ciment du grès; le quartz en menus éléments y figure en abondance.

Quant à la roche qui englobe les phtanites, elle est, suivant les points, un *quartzite typique*, un *quartzite* avec traces de ciment de quartz microcristallin ou un *quartzite-grès* à ciment.

RÉSUMÉ ET CONCLUSIONS.

La plupart des caractères des grès landéniens sont négatifs :

1° Ils ne renferment jamais de glauconie;

2° Les microorganismes sont pour ainsi dire absents, — un seul Foraminifère a été observé dans toute la série;

3° Les feldspaths et les débris de silex manquent dans la majorité des échantillons;

4° Les minéraux lourds (*zircon, tourmaline,* etc.) figurent dans chaque préparation;

5° La fréquence des inclusions dans le quartz est sujette à de nombreuses variations; la présence d'aiguilles de *rutile* est à signaler dans plusieurs grès;

6° La place réservée au ciment primordial était restreinte, mais il existait dans tous les types étudiés.

IMPRIMERIE NATIONALE.

Les « grès » landéniens sont siliceux et jamais calcaires; le grès ferrugineux est exceptionnel. Malgré l'exclusion du calcaire, les variations de composition et de structure du ciment sont très nombreuses, et l'on peut distinguer les termes suivants :

Grès ferrugineux à ciment originel, remplacé par de la limonite ;
Grès opalifère;
Grès quartzeux;
Grès-quartzite à ciment d'opale et de quartz, à ciment de quartz ou à ciment ferrugineux; les caractères de quartzite sont dus, non au moulàge de grains de quartz les uns sur les autres, mais à l'effacement des contours détritiques d'une partie des éléments;
Quartzite-grès à ciment de quartz et d'opale ou à ciment de quartz;
Quartzite-grès dépourvu de ciment;
Quartzite-grès sans ciment dont une partie des éléments de quartz moulés les uns sur les autres sont secondaires;
Quartzite à ciment de quartz;
Quartzite typique.

Il y a dans l'histoire des « grès » landéniens trois faits qui méritent d'être soulignés :

A. Deux groupes d'échantillons — Beuzeville et Cerfontaine — renferment des galets de silex et de phtanite. La composition et la structure des grès au contact de ces corps et dans un faible rayon sont profondément modifiées, et la même préparation montre réunies, dans l'espace de 1 centimètre carré, cinq structures différentes (p. 28). Dans toute la zone d'influence des silex et des phtanites, la silice secondaire change de manière d'être d'un point à un autre.

Inversement, les silex et phtanites se modifient à la périphérie où la silice est remise en mouvement, ici *corrodée,* là *recristallisée,* pour déterminer dans tous les cas un passage insensible au grès.

B. On trouve dans la série landénienne un type de quartzite d'origine mixte et nouveau à ma connaissance. La silice secondaire, au lieu de nourrir tous les grains anciens ou de combler les vides par une mosaïque de petits éléments, ne donne naissance qu'à un seul individu dans chaque vide, et cet unique grain, de dimensions comparables aux éléments clastiques, remplit à lui seul tout le vide. Ce développement de quartz secondaire se produit en même temps que le nourrissage des grains; le quartzite qui en résulte est formé par des éléments de deux origines.

C. J'ai signalé dans plusieurs grès lustrés l'effacement des caractères détritiques de nombreux grains de quartz. Des éléments perdent *in situ* leurs contours primitifs. Les plus nombreux deviennent dentelés et passent graduellement au ciment; quelques autres sont profondément corrodés et parfois fragmentés. Il est certain que l'histoire de ces roches comporte *une phase de dissolution des grains de quartz clastique*. Les contours simplement dentelés ou frangés sont le plus souvent, sinon toujours, d'un accroissement secondaire très inégal.

CHAPITRE IV.

GRÈS YPRÉSIENS.

Les grès yprésiens sont très peu répandus dans le Bassin de Paris. Ils forment des rognons, des bancs très irréguliers de peu d'étendue et, par exception, des masses assez développées pour être l'objet d'une exploitation. Les échantillons étudiés au microscope se rapportent à trois types.

Grès calcaire à glauconie de Mouchy-le-Châtel (Oise).

(Coll. Mines.)

Caractères lithologiques. — Roche formant des rognons jaune brunâtre, assez grossière et renfermant une notable proportion de grains de glauconie visibles à l'œil nu. Cassure irrégulière. Quartz en grains brisés ou non par la cassure. Ciment très apparent, de la même couleur que la roche, mat à l'œil nu, avec un aspect finement cristallin ou amorphe à la loupe.

Étude micrographique. — Grains de quartz de toutes dimensions arrondis ou anguleux; quelques cristaux de *feldspath* et notamment de *microcline;* rares débris de magnétite; un seul élément de pyrite.

La *glauconie* est fréquente. Ses conditions de gisement ne laissent aucun doute sur sa genèse *in situ*. Elle se présente en grains rarement homogènes, presque toujours à l'état de masses mamelonnées qui se décomposent en nombreux granules séparés par de la calcite. C'est le groupement de ces petits éléments isolés, et parfois largement séparés, qui donne à l'œil nu l'impression de grains simples. En réalité, presque tous les grains sont composés.

Cette glauconie offre un très bel exemple de décomposition qui débute simultanément en de nombreux points à l'intérieur du minéral. Les grains verts renferment des taches ferrugineuses isolées, ou un véritable réseau de lignes ferrugineuses, susceptible de devenir très dense et d'envahir la plus grande partie du minéral.

Aucune trace d'organismes n'est visible.

Le ciment est calcaire; il est formé de carbonate de chaux ancien enveloppé de calcite dominante. Le calcaire ancien se décompose le plus souvent en petits grains arrondis, isolés, enclavés dans un grand élément de calcite et doués d'une orientation quelconque; ils représentent des témoins d'un ciment primordial calcaire, en partie transformé en calcite. Le ciment est teinté par un peu d'oxyde de fer et d'aspect nuageux et sale; il occupe à peu près autant de place à lui seul que tous les minéraux clastiques et secondaires réunis. La roche est un *grès calcaire* passant au *calcaire quartzeux*.

Grès calcaire à *Nummulites planulata*, **Mont de Magny, près Gisors (Eure).**

(Coll. Mines.)

Caractères lithologiques. — Roche jaunâtre, pétrie de Nummulites, faiblement piquetée de glauconie. Les Nummulites mises en saillie à la surface par l'érosion font corps avec la roche à l'intérieur. La cassure est régulière, à peu près unie et traverse toutes les Nummulites. A la loupe, les grains de quartz paraissent entiers dans un ciment finement cristallin et brillant.

Étude micrographique. — Les débris de Nummulites sont tellement nombreux que la roche doit être classée dans les calcaires, si on les fait entrer en ligne de compte; leur fréquence étant très supérieure à la moyenne dans l'échantillon, on peut les négliger et la ranger dans la catégorie des grès.

Le quartz forme à peu près les deux tiers du dépôt, débarrassé de Nummulites. Il figure à l'état de grains non calibrés, généralement anguleux; quelques individus sont pourvus d'une auréole secondaire et, parmi eux, il en est qui fournissent des sections hexagonales imparfaites. Le quartz existe également sous forme de rares agrégats. On rencontre encore comme minéraux clastiques des *feldspaths* relativement abondants, et notamment l'*orthose*, le *microcline* et des *plagioclases*.

Glauconie assez fréquente, en petits grains massifs, homogènes; quelques-uns sont composés et se résolvent en nombreux granules. La glauconie incruste les clivages de quelques feldspaths; on la rencontre souvent en voie d'altération.

Les sections renferment, outre les Nummulites, quelques petits Foraminifères.

Le ciment est composé de calcite grenue; c'est le ciment primordial trans-formé. La roche est un *grès calcaire*.

Grès dolomitique («tête de chat»), près Mouchy-le-Châtel (Oise).

(Coll. Mines.)

(Planche II, fig. 4.)

Caractères lithologiques. — Rognons jaunes mamelonnés, incrustés de grains de sable, mis en saillie par l'érosion. La cassure montre de grandes surfaces miroi-tantes comme le « grès cristallisé » de Fontainebleau. Ces surfaces réfléchissent la lumière de telle façon qu'elles trahissent la courbure des clivages. A la loupe, les grains de quartz se détachent nettement avec un éclat gras; tous sont brisés; des grains de *glauconie* et quelques paillettes de *muscovite* sont visibles.

Étude micrographique. — Quartz en éléments le plus souvent anguleux et de diamètre variable; l'un d'eux renferme deux prismes de *tourmaline; zircon, muscovite, feldspaths* assez fréquents et notamment *orthose, microcline* et *plagio-clases*, fragments de prismes de *tourmaline*.

La glauconie est exceptionnelle en grains homogènes. Elle forme de petits granules et des masses nuageuses qui teintent souvent le ciment en vert jau-nâtre; malgré son abondance, elle est à peine perceptible à l'œil nu.

Les minéraux représentent à eux seuls la plus grande partie de la roche. Le ciment est dolomitique et se décompose en un très petit nombre d'élé-ments de grande taille. L'isolement des minéraux permet de conclure à l'exis-tence d'un ciment originel; la constitution actuelle des rognons ne permet pas de s'assurer si le premier ciment était dolomitique ou non. Dans son état actuel, la roche est un *grès dolomitique*.

Quartzite à feldspath de Belleu (Oise).

(Musée Lille, 7371.)

Cette roche a été exploitée à Belleu, près de Soissons, et a servi à paver une partie de la ville. Les recherches de M. Gosselet[1] ont montré qu'elle n'est pas contemporaine des nombreux grès landéniens exploités depuis long-

[1] J. GOSSELET, Observations sur la position du grès de Belleu, du grès de Molinchart, etc. (*Ann. Soc. G. Nord*, t. XIX, 1891, p. 102).

temps dans le Nord de la France, et qu'elle occupe tout à fait la partie supérieure de l'Yprésien. Elle se place donc au niveau du Panisélien.

J'ai décrit la structure du grès de Belleu en 1891 [1]; je vais en rappeler les traits essentiels.

Caractères lithologiques. — Roche dure, grossière, très cristalline, montrant à l'œil nu de nombreux grains blancs feldspathiques, des fragments de silex noir et des traces de débris végétaux. Cassure brillant d'un éclat très gras, traversant tous les minéraux. Quelques vides.

Étude micrographique. — Éléments de quartz mesurant de $0^{mm}8$ à 1 millimètre, revêtus d'une couronne secondaire, quelquefois aussi épaisse que le minéral qu'elle enveloppe. La formation en deux temps des grains de quartz est remarquablement nette. Beaucoup d'individus sont bourrés d'inclusions liquides ou solides; les premières comportent généralement une bulle de gaz mobile; une baguette de tourmaline figure parmi les secondes. Des impuretés entourent souvent le noyau primitif d'un liséré très apparent; le quartz de l'auréole est complètement dépourvu d'inclusions. Il s'éteint en même temps que le grain central et prend en même temps que lui l'éclairement maximum. De nombreux individus ont une extinction très onduleuse qui intéresse également l'auréole secondaire.

La série des minéraux clastiques est complétée par quelques agrégats de quartz, des feldspaths *orthose* et *microcline* en voie d'altération; l'une des orthoses est lardée de coins de quartz et reproduit la structure caractéristique de la micropegmatite. Tous les éléments feldspathiques sont dépourvus de revêtement siliceux secondaire.

La glauconie figure à raison d'un ou deux grains par section.

Les grains de quartz du « grès » de Belleu ont subi un accroissement secondaire très marqué; ils étaient primitivement arrondis, non contigus pour la plupart. Ils sont aujourd'hui anguleux, irréguliers et ils s'ajustent de façon à ne laisser qu'un très petit nombre de vides. L'intervention d'un ciment primitif est nécessaire. Le « grès » de Belleu est un *quartzite à feldspath* dont les minéraux clastiques ont une double origine. Les uns dérivent d'une roche éruptive, les autres d'une roche cristallophyllienne.

[1] L. CAYEUX, Structure du grès de Belleu (*Ann. Soc. G. Nord*, t. XIX, 1891, p. 111).

RÉSUMÉ ET CONCLUSIONS.

Les « grès » yprésiens appartiennent à deux types, profondément différents par leur structure et par leur composition, et que rien ne rapproche hormis la *fréquence des feldspaths détritiques*. Cet unique trait commun constitue une excellente caractéristique minéralogique des « grès » yprésiens. L'un de ces types correspond à un grès à ciment très abondant de carbonate tantôt calcaire, tantôt dolomitique et toujours très glauconieux ; l'autre est un quartzite à gros éléments riche en menus débris de silex et presque complètement dépourvu de glauconie. En faisant la part des transformations subies par ces dépôts, on peut dire qu'ils procèdent de sédiments accumulés dans des conditions différentes et qui ne semblent pas rigoureusement contemporains.

Je classe les échantillons étudiés de la façon suivante :

> *Grès calcaire;*
> *Grès dolomitique;*
> *Quartzite.*

Le ciment des grès calcaires correspond au ciment primordial partiellement ou entièrement recristallisé.

CHAPITRE V.

GRÈS LUTÉTIENS.

Le Lutétien est complètement dépourvu de grès à l'intérieur du Bassin de Paris. Il en contient plusieurs niveaux dans les collines tertiaires du département du Nord, à Cassel par exemple. Mais entre la Flandre et le centre du Bassin de Paris, on a signalé à maintes reprises des roches siliceuses remaniées, désignées sous les noms de « Silex » et de « Grès à Nummulites ».

Dans beaucoup de sablières de l'arrondissement d'Avesnes, autour de Trélon, de Solre-le-Château, etc., il y a, à la base du limon et à la partie supérieure des sables landéniens, des cailloux de silex remplis de *Nummulites*

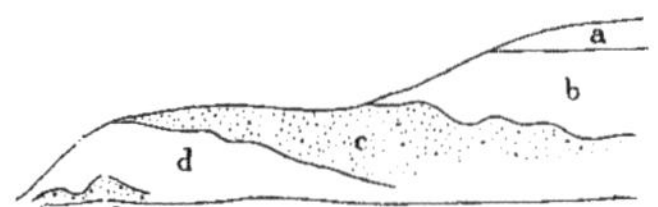

Fig. 8. — Gisement de silex à Nummulites, près de Buironfosse (Coupe de M. J. Gosselet).

a. Limon supérieur 0 m. 40. — b. Limon inférieur jaune clair 2 mètres. — c. Sable argileux panaché avec nombreux silex brisés, «silex» à Nummulites et galets de quartz. — d. Grès vert landénien. — e. Argile à silex.

lævigata. Ils sont cassés, usés, mais peu roulés. Leur abondance est telle qu'on ne peut douter qu'ils n'aient constitué dans le pays une couche régulière qui a été démantelée et en grande partie enlevée[1].

En quelques localités au nord du département de l'Aisne (fig. 8), les silex à Nummulites constituent un amas de plus de 1 mètre d'épaisseur; ils représentent une couche importante, démantelée il est vrai, mais restée en place. Des silex à *N. lævigata* isolés et remaniés sont connus en Picardie.

Ces roches représentent des témoins de gisements lutétiens complètement détruits qui reliaient à l'origine le Lutétien du Nord et celui du centre du Bassin parisien. De ces dépôts, l'érosion n'a respecté que les parties les plus

[1] Gosselet, *L'Ardenne*, p. 831.

IMPRIMERIE NATIONALE.

dures, de nature gréseuse, et les calcaires silicifiés. On les rencontre aujour-d'hui à l'état d'éléments de forme générale anguleuse, dispersés sur une vaste surface, autrefois couverte d'une nappe continue de sédiments tertiaires.

Les « silex » et « grès à Nummulites » représentent en réalité des sédiments lutétiens de composition très diverse, et profondément modifiés. Je décrirai successivement des grès de Cassel et quelques types de « grès » et « silex à Nummulites ».

Grès calcaires de Cassel (Nord).

(Musée Lille.)

Le Lutétien de Cassel renferme à plusieurs niveaux des grès qui ont tou-jours été confondus avec des calcaires. J'ai étudié :

> Des grès à *Rostellaria ampla* (7422);
> Des grès à *Nummulites lævigata* (7419);
> Des grès à *Cerithium giganteum* (7411).

Caractères lithologiques. — Ces différentes roches sont teintées en gris et faiblement piquetées de glauconie. On distingue à l'œil nu, et surtout à la loupe, des grains de quartz disséminés dans un ciment calcaire. Le ciment donne assez de cohérence à la roche pour qu'une partie des minéraux soient tranchés par la cassure.

Étude micrographique. — Les trois roches appartiennent au même type de grès, composé de grains de quartz le plus souvent anguleux et à peu près calibrés, sauf dans les grès à *Nummulites lævigata,* où ils ont un diamètre très variable. La série des minéraux détritiques se complète par quelques agrégats et les espèces suivantes : *zircon, tourmaline, magnétite, muscovite, orthose, microcline* et *feldspaths plagioclases,* tous représentés par plusieurs individus.

La glauconie est fréquente à l'état de grains indépendants des organismes; plusieurs éléments sont clivés, très biréfringents et ne présentent qu'une seule orientation optique.

Toutes les préparations renferment des débris organiques; les restes de Nummulites sont abondants dans les grès à *N. lævigata.*

Le ciment est formé de calcite grenue. Je le considère comme le ciment primordial recristallisé.

Les minéraux ne sont pas contigus; ils représentent à eux seuls environ les deux tiers de chaque échantillon; c'est donc au grès qu'il convient de rattacher les roches de Cassel.

Grès et silex à Nummulites.

(Musée Lille.)

Les différents échantillons étudiés se rapportent à deux catégories de roches bien distinctes. Les uns sont en majeure partie formés de grains de quartz d'origine détritique; je les laisse groupés provisoirement sous le nom de grès. Les autres sont caractérisés par des minéraux clastiques très clairsemés, noyés dans un ciment prépondérant; je les appelle silex en me réservant de montrer plus loin que ce nom ne leur convient pas du tout.

A. GRÈS À NUMMULITES.

Tous les matériaux étudiés se rapportent à trois types de composition et de structure dont les meilleurs représentants sont :

1° Le grès d'Yvernaumont (Ardennes) [n° 11.104];
2° Le grès de Béthune (Pas-de-Calais) [n° 11.107];
3° Le grès d'Aneux, près Cambrai (Nord) [n° VG-1161].

Grès-quartzite quartzeux et opalifère d'Yvernaumont (Ardennes).

(Pl. IX, fig. 17 et 18.)

Caractères lithologiques. — Roche gris jaunâtre très cristalline perforée par des racines. Elle montre à la loupe de nombreux grains de quartz plongés dans un ciment finement cristallin. La cassure est généralement écailleuse, un peu lustrée par places.

Étude micrographique. — Grains de quartz de diamètre extrêmement variable, très anguleux ou parfaitement arrondis; volumineux agrégats. Les autres éléments clastiques sont rares; j'ai reconnu du *zircon* (dont un élément inclus dans le quartz) et plusieurs *orthoses*.

La majorité des grains ont gardé leurs contours primitifs; les autres ont

6.

subi les modifications suivantes : le bord de nombreux éléments est orné de dentelures ou de franges très fines par suite d'un accroissement secondaire inégal et très irrégulier. La bordure des grains est très souvent nuageuse et comme fondue avec le ciment. Ces différentes modifications ne s'observent généralement que sur une partie de la périphérie des minéraux. Dans tous les cas, il se fait entre les individus ainsi transformés et le ciment une soudure des plus intimes qui assure à la roche une cohérence exceptionnelle.

Quelques éléments de quartz ont été rongés par des actions chimiques postérieures à leur introduction dans le dépôt. Il s'est fait une résorption de silice, et l'on voit le ciment pénétrer dans les cavités qui échancrent les grains. (Pl. IX, fig. 17, *a* et fig. 18, *b*.)

La pénétration du ciment peut même se faire sous forme de golfes qui atteignent le centre des plus volumineux éléments, et donnent naissance dans certaines sections à des îlots complètement isolés au milieu des grains. Quelques quartz doivent à ce phénomène de dissolution *in situ* une forme très déchiquetée qui contraste avec les contours arrondis des plus grands éléments.

Les organismes sont représentés par quelques débris de test silicifiés.

Le ciment examiné en lumière naturelle est teinté, suivant les points, en gris sale ou en gris très peu coloré. Les parties les plus grises ont un aspect dépoli très marqué; elles sont constituées par de l'opale non différenciée. Quand le gris s'atténue, on voit s'ajouter à l'opale des petits grains de quartz secondaire et un peu de calcédoine. Les plages faiblement colorées dominent de beaucoup; elles paraissent exclusivement composées de quartz micro-cristallin. Le ciment quartzeux est comme saupoudré d'impuretés et souvent taché de limonite; les matières étrangères qui souillent la silice préexistaient dans le calcaire du ciment originel.

Les minéraux constituent environ les trois quarts du dépôt; la roche rentre donc dans la catégorie des grès. C'est un *grès quartzeux et opalifère* qui se distingue de nombreux dépôts similaires étudiés par la corrosion parfois profonde des grains de quartz.

Quartzite-grès de Béthune (Pas-de-Calais).

(Pl. VII, fig. 14.)

Caractères lithologiques. — Roche très riche en *Nummulites lævigata*, de couleur grise ou gris brunâtre quand elle est imprégnée de limonite. A la loupe,

on distingue des minéraux et un ciment dont la teinte est celle de la roche.
Le ciment est amorphe en apparence, et d'aspect terne. La cassure est écailleuse ou lustrée.

Étude micrographique. — Quartz en grains anguleux presque calibrés,
accompagnés d'un petit nombre d'autres minéraux : *tourmaline* brune en fragments, *muscovite*, *feldspaths plagioclases*, *glauconie* en grains vert jaunâtre
représentée par quelques individus, et *apatite*.

Les organismes comptent quelques Nummulites par préparation. L'intérieur
des coquilles est occupé par une mosaïque de quartz qui ne remplit qu'une
partie des loges; la coquille elle-même est toujours silicifiée; c'est du quartz
microcristallin, plus finement cristallisé que celui des loges et très impur qui
s'est substitué au test calcaire. Quelques petits *Foraminifères* silicifiés et de rares
baguettes d'*Oursins* complètent la série des débris organiques.

La très grande majorité des quartz présentent un accroissement secondaire
souvent très développé, et rendu très visible grâce aux nombreuses impuretés
qui incrustent la surface primitive de ces grains. L'enveloppe de quartz secondaire est presque toujours irrégulière et discontinue (*a*). Un élément montre,
par exemple, en section le quartz secondaire, concentré à ses deux extrémités
où il montre de larges calottes. La bordure des grains ainsi nourris est souvent
capricieusement découpée. En de rares points, quelques grains se touchent,
se moulent les uns sur les autres, sans laisser la plus petite place au
ciment.

Le magma qui agglutine minéraux et organismes est exclusivement siliceux,
essentiellement formé de quartz en très petits individus, confusément distribués. Il y a une telle quantité d'impuretés incorporées au ciment qu'il est
impossible de s'assurer que le quartz existe seul ou non.

Les grains de sable étaient plus serrés à l'origine dans cette roche que dans
la précédente; ils étaient reliés par un ciment calcaire qui a été silicifié en
même temps que tous les organismes. L'accroissement secondaire a modifié
la forme primitive de presque tous les éléments. L'effacement des caractères
détritiques sépare ce dépôt des grès typiques; il conduit à le ranger dans les
quartzites, malgré la présence d'un ciment très développé. Ses contours clastiques ayant été respectés dans quelques grains, la roche est un *quartzite-grès*
à ciment de quartz.

Quartzite-grès de la Chapelle d'Aneux, près Cambrai (Nord).

Caractères lithologiques. — Roche teintée en jaune d'ocre, avec plages rosées, relativement grossière, très rugueuse au toucher et montrant de nombreux vides à l'œil nu. A la loupe, on reconnaît des grains de quartz juxtaposés ou séparés, et reliés par un ciment coloré par de l'oxyde de fer.

Étude micrographique. — Les grains de quartz à peu près calibrés laissent encore moins de place au ciment que dans les spécimens précédents. On retrouve le même type de *tourmaline* brune et de rares *feldspaths.* La glauconie était abondante à l'origine; elle forme des masses granuleuses en voie d'altération; beaucoup de grains sont tellement décomposés que leurs propriétés optiques sont masquées par l'oxyde de fer. La limonite très répandue dans la roche dérive de ce minéral.

Il n'existe aucun vestige organique dans les préparations étudiées.

Presque tous les grains de sable ont pris un accroissement secondaire, pendant la cristallisation du ciment. Les auréoles de quartz sont régulières ou non, et beaucoup plus apparentes que dans toutes les autres roches décrites. L'examen en lumière blanche, avec le condenseur fortement baissé, montre de nombreuses zones d'accroissement dans toutes les couronnes de quartz. A l'aide de forts grossissements, on reconnaît une première zone — la plus large de toutes — directement en contact avec les grains et qui se distingue par une apparence un peu fibreuse. Les zones externes toujours très serrées et souvent très nombreuses reproduisent rigoureusement la forme du minéral, ou présentent un dessin très découpé et festonné. Ces zones enveloppent complètement les grains quand ils sont libres dans le ciment; elles s'interrompent quand ils sont en contact.

Lorsque trois grains se touchent, les zones concentriques sont visibles en grand nombre jusqu'au centre de l'espace intergranulaire. La même observation peut être faite dans le cas de quatre grains en contact, laissant entre eux un vide de faible dimension. Quand les interstices qui séparent les minéraux sont développés au point de réserver au ciment des plages relativement grandes, la structure zonaire s'observe sans exception dans toute l'étendue des espaces envahis par le ciment, sauf dans les points où elle est masquée par la limonite. Les grains de sable qui circonscrivent ces grandes plages de ciment se touchent deux à deux ou non; dans tous les cas, des zones très fines et continues tapissent les vides. A l'intérieur de chacune de ces plages, il s'est développé des centres de cristallisation d'autant plus nombreux que les vides étaient plus grands. Chaque centre présente une structure zonaire qui lui est propre. Ceux qui ont pris naissance à proximité des éléments de quartz ancien ont leurs zones externes qui se raccordent avec les zones les plus externes de ces éléments. Et ces cas de raccordement sont tellement nombreux, qu'il est de toute évidence que la cristallisation du quartz du ciment et des auréoles date de la même époque.

Cette structure zonaire remarquablement développée dans le quartz secondaire du ciment et dans celui qui fait corps avec les grains de sable assigne une place tout à fait à part au grès en question. Les propriétés de la silice secondaire en lumière polarisée parallèle augmentent encore l'intérêt qui s'attache à cette roche. Entre les nicols croisés, les auréoles sont les plus nettes que j'aie observées :

1° L'auréole zonée forme avec le noyau de quartz un seul individu optique. L'extinction des deux parties se fait rigoureusement en même temps, mais au voisinage des points d'extinction, l'enveloppe cesse d'être parfaitement homogène et semble un peu moirée.

2° La couronne de quartz secondaire n'est plus rigoureusement orientée comme le quartz ancien. L'apparence moirée s'accuse beaucoup; en même temps, on discerne un aspect vaguement fibreux et l'extinction qui n'est jamais rigoureusement simultanée pour toute l'auréole présente le phénomène de l'ombre roulante (voir p. 111, fig. 21, 10).

3° Non seulement l'auréole n'est plus homogène, mais elle se décompose en deux, trois segments ou plus. Un seul de ces segments est orienté comme le quartz ancien; il est très fréquent que l'orientation de tous soit absolument indépendante de celle du minéral qu'ils circonscrivent. L'aspect moiré et un peu chevelu est encore très visible. Il est à remarquer que dans ce cas comme dans tous les autres, les zones concentriques sont parfaitement continues (voir p. 111, fig. 21, 11ª, 11ᵇ et 12).

4° Dans l'auréole dont l'individualité est très nette en lumière blanche, on voit apparaître un ou plusieurs petits grains de quartz juxtaposés, c'est-à-dire qu'une partie de la couronne secondaire est susceptible de se résoudre en petits éléments pareils à ceux du ciment; le reste de l'auréole est orienté ou non comme le grain central.

5° Les grandes plages du ciment dont j'ai signalé la structure zonaire ne se comportent pas d'une façon moins singulière. Ces plages sont constituées par une fine mosaïque de quartz, mais il n'y a aucun rapport entre le dessin de la mosaïque et celui des zones qui s'ordonnent concentriquement autour des centres de cristallisation, en se raccordant extérieurement à celles des grains de sable. Telle plage caractérisée par quelques centres de cristallisation, entourés de zones très régulières, est occupée par une multitude de petits grains de quartz dont la distribution ne trahit nullement l'ordonnance des zones d'accroissement.

La structure très aberrante de ce « grès à Nummulites » nous révèle le fait nouveau d'*une auréole de quartz secondaire souvent indépendante, au point de vue optique, du grain de sable qui a joué le rôle de centre d'attraction;* enfin elle fournit la preuve de la *genèse simultanée du quartz du ciment et des auréoles secondaires.*

Cette roche procède d'un grès à ciment calcaire comme les précédentes. C'est avec les *quartzites-grès* à ciment de quartz qu'elle a le plus d'affinités.

B. Silex à Nummulites.

(Pl. VIII, fig. 15, et pl. IX, fig. 19.)

J'ai étudié différents échantillons rapportés les uns à des « silex », les autres à des « grès » et qui se rattachent tous au même type de roches. Ce sont les :

« Silex » à *Nummulites lævigata* de Béthune (Pas-de-Calais);
« Silex » à *Nummulites lævigata* de Féron (Nord) [V. G., 1168];
« Silex » à *Nummulites lævigata* de Cologne (Aisne);
« Grès » à *Nummulites lævigata* d'Ohain (Nord).

Caractères lithologiques. — Roches de couleur jaune (Féron) ou gris blanc (Cologne), très rugueuse au toucher. A la loupe, on distingue de rares quartz et un ciment dominant finement grenu ou d'apparence amorphe. Nombreux vides.

Étude micrographique. — Toutes ces roches ont un trait commun : les grains de quartz y sont en minorité par rapport au ciment. Quand ils réalisent leur maximum de fréquence, ils représentent au plus un cinquième de la masse totale (Cologne). Ils sont parfois si clairsemés, qu'en étudiant les préparations avec de faibles grossissements — 5o diamètres par exemple — on n'en voit pas un seul dans le champ.

Les caractères morphologiques des particules de quartz sont très variables. Dans un échantillon donné :

a. Tous les grains ont conservé leurs contours primitifs (Béthune);

b. Une partie des grains sont pourvus d'auréoles secondaires (Ohain);

c. Tous présentent un accroissement secondaire qui leur donne souvent une forme déchiquetée [Cologne et Féron] (Pl. VIII, fig. 15, a et Pl. IX, fig. 19, a).

Les minéraux détritiques qui accompagnent le quartz comprennent des *feldspaths orthose* et *plagioclases*, quelques *tourmalines* brunes et du *zircon* en grains. La *glauconie* existe dans plusieurs « silex ».

Dans ces différentes roches, il y avait de nombreux organismes calcaires, surtout des Foraminifères à gros test, accompagnés ou non de Nummulites. Dans la majorité des cas, ces organismes sont quartzifiés. Il y a dans toutes les préparations des vides qui marquent la place de coquilles enlevées par dissolution.

Une place prépondérante est réservée au ciment qui est toujours de nature siliceuse. Il est constitué soit par du quartz microcristallin en éléments très petits (Cologne, Féron et Ohain), soit par un mélange de quartz en grains et d'opale indifférenciée (Béthune).

Toutes ces roches sont d'anciens *calcaires grossiers quartzifères*. Elles ont été silicifiées, comme la craie a été silicifiée pour former les silex, mais là s'arrête leur analogie avec les silex. Les grains de quartz qui ne font jamais défaut et qui peuvent être nombreux, l'absence absolue d'organismes siliceux et partant l'origine de la silice, le ciment presque toujours cristallisé en quartz grenu, et les caractères lithologiques qui en sont la conséquence, tout cela éloigne beaucoup les « silex à Nummulites » des vrais silex. Ces roches ne peuvent rentrer ni dans les silex, ni dans les grès. Il est impossible de les nommer, même si l'on fait appel à toutes les ressources de la nomenclature actuelle.

Il y aura lieu de revenir sur cette question dans le chapitre réservé aux généralités et aux conclusions.

IMPRIMERIE NATIONALE.

RÉSUMÉ ET CONCLUSIONS.

Le groupe des roches lutétiennes comporte une telle variété de types pour un petit nombre d'échantillons, qu'il est difficile de résumer en quelques mots les traits essentiels de leur composition et de leur structure. J'ai reconnu :

Des *grès calcaires* dont les éléments sont agglutinés par le ciment primordial recristallisé ;

Des *grès-quartzites quartzeux et opalifères ;*

Des *quartzites - grès* à ciment de quartz appartenant à deux types diffé-rents ;

Et des roches siliceuses qui ne sont ni des grès, ni des silex.

Les grès et quartzites possédaient, à l'origine, un ciment calcaire très déve-loppé ; les roches siliceuses innommées sont des calcaires silicifiés.

Quant à la silice qui a si profondément modifié les roches lutétiennes, en prenant la place du calcaire, elle n'a jamais été fournie par le dépôt, et sa source doit être cherchée dans des sédiments qui ont été détruits par érosion et dissolution.

La notion la plus importante acquise au cours de cette étude est relative à la cristallisation du ciment et à la genèse des auréoles secondaires. J'ai pu établir pour un quartzite-grès (Chapelle d'Aneux, près Cambrai) que le nourrissage des grains de quartz et le développement du quartz du ciment ne constituent pas deux phénomènes successifs, mais sont rigoureusement contemporains.

La corrosion des grains de quartz reste un des faits les plus curieux de l'histoire des grès du Tertiaire parisien et mérite à ce titre d'être soulignée.

CHAPITRE VI.

GRÈS BARTONIENS.

Tous les niveaux marins distingués dans les sables de Beauchamp sont
susceptibles de renfermer des grès. Ceux que j'ai étudiés appartiennent aux
horizons d'Auvers, de Beauchamp proprement dit et de Mortefontaine. La
position exacte de quelques échantillons décrits n'est pas connue.

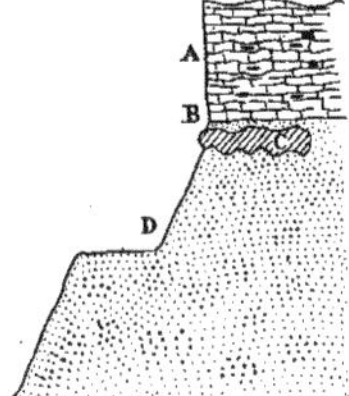

Fig. 9. — Coupe de la sablière de la Butte Saint-Chistophe (Fleurines).

A. Calcaires et marnes de Saint-Ouen avec silex, 4 m. 50. — B. Sables supérieurs aux grès, o m. 10. — C. Bloc de grès
en forme de lentille très mamelonnée à la base, o m. 40. — D. Sables de Beauchamp non fossilifères.

Les grès subordonnés aux sables de Beauchamp forment des blocs et des
bancs lenticulaires (fig. 9). Ils sont loin d'offrir les qualités des grès de
Fontainebleau pour le pavage des routes; la plupart ont l'inconvénient de se
désagréger et de se décomposer rapidement. L'étude du ciment des grès
bartoniens nous expliquera ce défaut.de cohérence.

Grès calcaire à oolithes d'Auvers (Seine-et-Oise).

(Coll. Mines.)

(Planche IV, fig. 8.)

Caractères lithologiques. — Roche grise, à cassure irrégulière, très grenue.
Nombreux débris organiques, le plus souvent groupés en lits parallèles. A la
loupe les grains de quartz sont intacts sur la cassure, et séparés par des vides.

Étude micrographique. — Quartz en grains arrondis et anguleux de volume variable; c'est l'unique minéral clastique. Il est accompagné de corps oolithiques clairsemés, homogènes, sans trace de structure concentrique ou radiée.

Un seul individu fait exception, et montre des zones concentriques très fines à la périphérie qui permettent de le considérer comme une oolithe vraie. Des grains de quartz leur servent parfois de centre.

Foraminifères nombreux, de grande taille à test épais. Nummulites entières et assez fréquentes en débris.

Les minéraux et organismes ne sont pas en contact direct. Chaque grain de sable est entouré d'une auréole de calcite en très petits éléments qui ne s'interrompt jamais (*a*). La jonction des enveloppes calcaires de grains voisins détermine des renflements, des bourrelets de calcite; quelques petits interstices sont complètement oblitérés par le calcaire (*b*), mais en général les vides persistent, simplement rétrécis par le liséré qui en tapisse les parois.

La roche est donc un *grès calcaire* criblé de vides (*c*). Elle est caractérisée par une faible cohérence qui s'explique par l'état d'agrégation de ses éléments. A première vue elle procède d'un sable siliceux consolidé par un ciment secondaire.

L'origine d'un pareil ciment est difficile à interpréter. Il évoque l'idée d'un dépôt calcaire qui incruste les parois des cavités à travers lesquelles des eaux calcaires auraient circulé; il a tous les caractères d'un ciment secondaire. Mais il y avait au moins un rudiment de ciment primordial, puisque les minéraux détritiques et les organismes ne se touchent pas. Or la transformation d'un ciment calcaire primordial en fines couronnes de calcite enveloppant les grains ne s'explique pas. Quand des grains de sable, plus ou moins serrés, sont répartis dans une boue calcaire qui fait l'office de ciment, les éléments calcaires gisent pêle-mêle sans laisser de vides réguliers. La distribution actuelle du ciment pourrait à la rigueur s'expliquer en admettant un réarrangement du calcaire primitif, une concentration — après dissolution sur place — autour des grains avec création de vides réguliers. Cet enchaînement de phénomènes n'est pas impossible; je ne puis l'étayer sur aucun fait d'observation.

Grès calcaire, route d'Acy à Meaux (Oise).

(Coll. Mines.)

(Planche III, fig. 5.)

Niveau indéterminé.

Caractères lithologiques. — Grès gris clair, riche en débris fossiles. Cassure très grenue. A la loupe on reconnaît que les grains de quartz restent intacts sur la cassure. Ciment blanc calcaire, d'aspect mat.

Étude micrographique. — Grains de sable anguleux et arrondis, non calibrés, souvent très riches en inclusions.

Rares débris de *microcline*, de *tourmaline* et de *zircon*.

Les organismes sont représentés par des fragments de test de mollusques très clairsemés.

Ciment calcaire homogène, d'une grande finesse, teinté en gris sale formant une trame continue entre les minéraux et organismes non contigus et laissant quelques petits vides.

La roche est un *grès calcaire* dont le ciment actuel paraît être le ciment originel.

Grès calcaire à oolithes d'Auvers (Seine-et-Oise).

(Coll. Mines.)

(Planche III, fig. 6.)

Caractères lithologiques. — Grès de couleur grise, à cassure grenue. Nombreux fossiles concentrés en zones stratifiées. A la loupe on distingue un ciment blanc mat qui donne assez de cohérence à la roche pour que tous les grains de quartz soient sectionnés par la cassure. Les zones fossilifères correspondent à des plans de division facile.

Étude micrographique. — Grains de quartz de forme générale anguleuse, de dimensions variées, généralement très purs, juxtaposés ou presque en contact. Glauconie représentée par un seul élément; un fragment de silex.

Foraminifères assez fréquents : Nummulites, Miliolites, etc., et quelques débris d'Échinodermes.

Des corps oolithiques figurent en notable proportion; presque tous sont homogènes et dépourvus de structure concentrique ou radiée (e); quelques individus ont une structure radiée visible dans une zone superficielle très mince. J'ai noté dans quelques éléments des inclusions de quartz et par exception des Foraminifères. L'exemple d'une oolithe brisée et incomplète confirme l'opinion que ces corps existaient à l'origine même du grès.

Ciment de calcite grenue(b), largement cristallisée et dont les plus gros éléments englobent plusieurs grains de quartz. C'est le ciment primordial recristallisé.

Grès quartzeux de la butte Saint-Christophe (Oise).

(Coll. Mines.)

Caractères lithologiques. — Grès coloré en gris très clair, formé de grains de quartz très limpide. Cassure grenue. L'état d'agrégation varie de la périphérie au centre de l'échantillon. A la surface le plus léger frottement sépare les grains; le choc du marteau met tous les éléments en liberté. A la loupe on ne distingue que des vides sans trace de ciment.

Étude micrographique. — Grains de quartz anguleux ou arrondis et contigus; quelques agrégats. Les minéraux denses et les microorganismes font défaut.

1° Le plus souvent les minéraux sont en contact et aucun ciment visible ne les relie;

2° Une mosaïque de quartz microcristallin comble les vides en partie ou en totalité;

3° Il y a par exception accroissement secondaire des grains de sable, comblement des vides et formation de petites plages de quartzite.

On rencontre dans cette roche des plages très importantes dont les éléments juxtaposés ne sont maintenus en place que par des plages voisines, pourvues d'un ciment plus ou moins complet ou passant au quartzite. Ce ciment est parfois réduit à un petit grain de quartz isolé.

L'intervention d'un ciment primordial ne paraît nécessaire que pour une portion tellement infime du dépôt que la roche semble dériver d'un sable pur dont les éléments étaient primitivement juxtaposés. Comparée aux autres

grès siliceux, elle accuse un apport minimum de silice, et ce cas est justement
réalisé pour un ancien sable criblé de vides dans lesquels la silice pouvait se
déposer sans déplacer de calcaire.

Je classe le grès de la butte Saint-Christophe sous le nom de *grès quartzeux*,
sans tenir compte des rares plages de quartzites qu'il renferme.

Grès-quartzite cristallisé à oolithes du bois de Beauchamp (Seine-et-Oise).

(Coll. Mines.)

Caractères lithologiques. — Roche gris pâle, renfermant des Nummulites et
de nombreux petits débris de Mollusques, distribués irrégulièrement ou
groupés en lits qui déterminent des plans de division facile. Quelques fragments de silex visibles à l'œil nu. Cassure grenue un peu écailleuse. A la
loupe, la plupart des minéraux paraissent brisés sur la cassure.

Étude micrographique. — Grains de quartz non calibrés, de forme très
variable et contigus, caractérisés par une extinction roulante très prononcée;
plusieurs débris de *tourmaline*, très rares fragments de *silex*, un seul *feldspath
plagioclase*.

Chaque section renferme quelques Foraminifères à très gros test et des
débris de Mollusques.

Le carbonate de chaux figure également à l'état de grains arrondis ou
ovoïdes composés de calcite extrêmement fine, dans lesquels on reconnaît des
corps oolithiques. Deux de ces éléments comprennent une zone corticale
épaisse, à structure radiée, entourant un noyau central calcaire indifférencié.
Ce sont en réalité des oolithes à structure radiée. La division en enveloppes
concentriques est rarement visible, et elle est toujours très vague. Dans
quelques individus le noyau est un grain de sable. Tous ces corps paraissent
contemporains de la sédimentation.

Le plus souvent, les grains de sable sont séparés par de larges vides, mais
le nombre des éléments qui se moulent les uns sur les autres par suite d'un
accroissement secondaire est toujours considérable; les enveloppes de quartz
secondaire sont généralement mal délimitées; leur largeur est telle qu'il est
évident qu'une partie des grains n'étaient pas juxtaposés et qu'il y avait par
places un ciment originel. L'accroissement des éléments les a parfois dotés

d'un contour géométrique; il y a dans certaines plages un tendance très nette à la formation de cristaux.

Suivant les points, la roche est un *quartzite* ou un *grès*; le caractère détritique paraît dominer, d'où le nom de *grès-quartzite* proposé pour désigner cette variété de « grès ». Dans le but de mettre en évidence la forme cristalline de nombreux quartz, j'inscris cette roche sous le nom de *grès-quartzite cristallisé à oolithes*.

Quartzite-grès de Mortefontaine (Oise).

(Coll. Mincs.)

Caractères lithologiques. — Roche de couleur noirâtre très lustrée. Cassure à peu près unie. A l'œil nu, on ne voit sur la cassure que des grains de quartz brisés qui paraissent juxtaposés pour former un milieu continu. A la loupe, on distingue des sections de quartz très gras se détachant sur un fond gris noirâtre très mat qui est le ciment. L'aspect lustré est dû à la structure particulière de la roche, ainsi que je l'établirai plus loin.

Étude micrographique. — Grains de quartz anguleux et arrondis de diamètre à peu près constant; des inclusions groupées en traînées ou distribuées confusément abondent dans beaucoup d'éléments; on trouve côte à côte des individus remplis d'inclusions liquides à bulle mobile et des grains très riches en inclusions exclusivement solides. Quelques agrégats. Rares *zircons*, en éléments arrondis, *tourmalines* fragmentaires, quelquefois en petits prismes inclus dans le quartz.

Les grains de quartz se répartissent en trois catégories :

1° Un très petit nombre ont gardé leurs contours primitifs ;

2° D'autres, également peu nombreux, sont munis d'un liséré très étroit de quartz secondaire, tellement régulier que les éléments gardent tous les détails de leur forme première. En de rares points, l'accroissement secondaire a permis aux grains de se mouler les uns sur les autres; il en résulte quelques petites plages de quartzite ;

3° Enfin la très grande majorité des grains de quartz présentent les curieuses modifications de contours que j'ai signalées dans tous les grès lustrés landéniens. Ils ont tantôt un contour très finement dentelé, tantôt un bord nuageux avec passage graduel au ciment. Beaucoup d'éléments de cette catégorie doivent manifestement ce double caractère à un accroissement secondaire. Tous les grains ainsi modifiés dans leurs contours font corps avec le ciment; c'est cette propriété qui est le point de départ de la cassure lustrée.

Les minéraux très souvent contigus ne laissent qu'une place très restreinte au ciment; celui-ci se détache en lumière blanche avec une teinte jaune pâle. En lumière polarisée, et aux faibles grossissements il revêt l'apparence crypto-cristalline qui est la règle dans les silex. La finesse des éléments est telle que leur détermination est très difficile. J'ai reconnu en toute certitude du quartz très dominant; la présence d'un peu de calcédoine est probable par places; la couleur et la réfringence du ciment font supposer l'existence d'une fine trame d'opale, difficile à saisir.

La roche est un *quartzite-grès* à ciment de quartz dominant. Le caractère des quartzites est fourni par des plages de grains moulés les uns sur les autres, et surtout par l'accroissement très irrégulier de la plupart des éléments. L'échantillon rentre par son ciment dans la catégorie des « grès » du bois de Beauchamp que je décrirai plus loin et qui dérivent d'un sable calcaire. La silicification du ciment étant achevée, il est impossible de faire la preuve directe que le dépôt actuel est issu d'un grès à ciment calcaire.

Quartzite-grès du bois de Beauchamp (Seine-et-Oise).

(Coll. Mines.)

(Planche V, fig. 9.)

Caractères lithologiques. — Roche grise à Cérithes, très cristalline; aspect saccharoïde ou gras, suivant les points. Cassure très écailleuse, traversant tous les grains de quartz.

Étude micrographique. — Grains de quartz anguleux ou arrondis, contigus, non calibrés. Les inclusions solides abondent au point de troubler la transparence de beaucoup d'éléments; elles sont parfois alignées. Nombreuses aiguilles de *rutile* dans quelques quartz; rares *tourmalines* en cristaux brisés et roulés; plusieurs grains de *zircon* et de *magnétite*.

Les organismes sont représentés par quelques débris de Mollusques et notamment par des sections de Cérithes; les loges sont remplies de quartz secondaire, parfois largement cristallisé et formant des mosaïques très limpides en lumière polarisée; le test est partiellement silicifié.

IMPRIMERIE NATIONALE.

Corps oolithiques indifférenciés très rares.

On reconnaît chez de nombreux éléments de quartz une auréole secondaire quelquefois très large; il est probable que le même accroissement existe dans tous les grains de quartz très pur où il est impossible de le mettre en évidence. Le développement de silice secondaire est assez marqué pour que les grains qui étaient originellement séparés s'appliquent les uns sur les autres et forment de nombreuses plages de quartzite sans trace de vides. D'autres plages au moins aussi nombreuses sont pourvues d'un ciment; la formation des éléments qui les constituent comporte également deux temps, mais l'accroissement du second temps est moins important et il peut même faire complètement défaut. Les vides dus à l'arrêt de développement du quartz sont remplis de trois façons différentes :

1° Par du quartz confusément cristallisé, en granules d'une extrême finesse, auxquels s'ajoute peut-être une faible proportion de calcédoine;

2° Par un mélange en toutes proportions de quartz microcristallin, de calcite (a) et de calcédoine douteuse;

3° Exceptionnellement par de la calcédoine seule en fibres allongées.

Quelques vides en forme de coins très exigus, compris entre des grains auréolés, ne renferment ni calcaire ni silice.

La forme déchiquetée de beaucoup de particules de calcite fait supposer qu'elles ne représentent que les restes d'une formation beaucoup plus étendue à l'origine. Dans une plage de composition très aberrante, le ciment l'emporte de beaucoup sur les minéraux; il est formé par un calcaire très fin, homogène qui ne laisse qu'une place insignifiante à la silice secondaire. Il est évident que le ciment de quartz microcristallin, calcarifère ou non, a pris la place d'un ciment exclusivement calcaire. On peut d'ailleurs recueillir des preuves de la substitution de la silice au calcaire en une foule de points de la roche; des fragments de test de Mollusques et des corps oolithiques sont également en voie de silicification.

La roche était à l'origine un sable pourvu d'une trame calcaire. L'introduction de la silice dans ce milieu a déterminé un accroissement inégal des grains qui ont empiété peu à peu sur le ciment, jusqu'à le remplacer complètement en beaucoup de points. Lorsque les grains ont été frappés d'arrêt de développement, la silice a continué à se précipiter, mais sous une autre forme, en donnant naissance à du quartz microcristallin partout où il restait des vestiges du ciment calcaire.

Suivant les points, la roche est :

Un *quartzite typique;*
Un *quartzite à cime n tde quartz;*
'Un *quartzite à ciment quartzo-calcaire;*
Un *quartzite-grès* avec ou sans ciment.

Ces différentes structures s'observent côte à côte dans la même préparation. Je désigne ce « grès » de Beauchamp sous le nom de *quartzite-grès.*

Quartzite à oolithes silicifiées du bois de Beauchamp
(Seine-et-Oise).

(Coll. Mines.)

(Planche V, fig. 10.)

Caractères lithologiques. — Roche pétrie de Mollusques, grise, très cristalline, souvent saccharoïde. Cassure très régulière par suite de l'abondance
des organismes, grenue ou écailleuse, traversant tous les grains de quartz.
L'échantillon passe vers la périphérie à un grès à grains dépolis, entiers sur
la cassure, maintenus en place par un ciment non perceptible à l'œil.

Étude micrographique. — Si on laisse de côté les nombreux débris organiques qui impriment au dépôt une physionomie particulière, on constate
que la roche est formée de grains de quartz de toutes dimensions auxquels
s'associent rarement les minéraux lourds comme le *zircon,* etc.

Des masses sphériques et ovoïdes quartzo-calcaires représentent d'anciennes
oolithes plus ou moins silicifiées; la structure concentrique est exceptionnelle.
Le quartz grenu (c) tient une grande place dans ces oolithes et forme à lui seul
quelques individus. Les petites plages ou les particules de calcite, qu'on rencontre encore de ci de là (d), ont des contours rongés. L'un des corps oolithiques,
en grande partie silicifié, a pour nucleus un grain de quartz clastique (b).

Les nombreux débris organiques observés, Gastéropodes, valves de Lamel-
libranches, plaques d'Oursins et Nummulites sont tous en voie de silicification.
Des Foraminifères sont complètement silicifiés, et leurs loges oblitérées par
du quartz grenu. Les Gastéropodes sont remplis de quartz secondaire, quelquefois très largement cristallisé en quartzite, et susceptible de présenter une
extinction roulante des plus accusées.

8.

Presque partout les anciens grains de sable sont associés en quartzite. L'auréole secondaire est nettement délimitée; elle est parfois plus importante à elle seule que le noyau clastique qu'elle enveloppe. En quelques points, les grains sont séparés par un ciment silico-calcaire (a), reproduisant les particularités de structure et de composition décrites dans le précédent échantillon. Quand les minéraux noyés dans le ciment sont dépourvus d'accroissement secondaire visible, il est possible qu'ils aient conservé une partie de leurs contours clastiques.

Le phénomène de substitution de la silice au calcaire s'affirme encore ici de la façon la plus claire; il n'est pas douteux que le ciment calcaire originel ait été remplacé, tantôt complètement par la silice qui a nourri les grains de quartz, tantôt incomplètement par le quartz grenu du ciment actuel.

Je range cette roche dans les quartzites, sans tenir compte de la persistance possible des contours primitifs chez plusieurs grains de quartz. C'est un *quartzite à oolithes silicifiées* dont la plus grande partie réalise le type du quartzite normal, et qui se transforme par places en quartzite à ciment siliceux ou calcareo-siliceux. On trouve juxtaposées dans la même coupe des compositions et des structures très différentes, comme dans le quartzite-grès de la même localité.

Quartzite de Mortefontaine (Oise).

(Pl. VI, fig. 12.)

J'ai recueilli cet échantillon sur la route de la Chapelle-en-Serval à Mortefontaine.

Caractères lithologiques. — Roche blanc grisâtre avec une apparence très cristalline. Cassure saccharoïde et remarquablement écailleuse; toucher très rugueux; aucun vide visible à la loupe.

Étude micrographique. — Quartz en grains irréguliers dont un grand nombre sont remplis d'inclusions solides qui leur donnent un aspect laiteux en section mince. Éléments de *tourmaline* anguleux ou arrondis; petits cristaux de *zircon* et fines aiguilles de *rutile* à l'état d'inclusions dans le quartz.

Tous les grains de sable ont subi un accroissement secondaire très important; l'enveloppe de quartz secondaire, parfois très large, est peu visible autour des grains de quartz très pur, et très apparente dans ceux qui sont souillés par des inclusions; une très fine couronne d'impuretés les sépare souvent du noyau primitif (a).

Il reste fréquemment de très petits vides entre les grains auréolés. Par exception quelques-uns de ces vides sont occupés par du quartz microcristallin.

Le « grès » de Mortefontaine constitue le plus beau gisement de quartzite des environs de Paris.

RÉSUMÉ ET CONCLUSIONS.

Les « grès » de l'assise de Beauchamp présentent les particularités suivantes :

1° Fréquence des corps oolithiques;
2° Rareté des minéraux lourds;
3° Extrême rareté ou absence des feldspaths;
4° Absence presque absolue de fragments de silex;
5° Absence de la glauconie;
6° Présence de débris organiques dans beaucoup d'échantillons.

Les variations de composition et de structure du ciment permettent de distinguer de nombreux termes qui passent graduellement de l'un à l'autre. La plupart des échantillons sont exclusivement siliceux.

J'ai reconnu :

Des *grès calcaires* à ciment originel non modifié ou transformé en calcite;

Des *grès calcaires* à ciment primordial, supposé concentré et réarrangé autour des minéraux (Auvers);

Des *grès quartzeux* dérivés d'un sable à grains contigus, très pauvre en ciment de quartz microcristallin;

Des *grès-quartzites* à ciment de quartz très dominant, d'opale et de calcédoine très accessoires;

Des *grès-quartzites* à oolithes calcaires, dépourvus de ciment;

Des *quartzites-grès* à ciment silico-calcaire, où l'accroissement secondaire des grains de quartz marche de pair avec la transformation partielle d'un ciment calcaire en quartz grenu;

Des *quartzites* à oolithes silicifiées dans lesquels une place importante est encore réservée au ciment;

Des *quartzites à ciment* de quartz ou à ciment quartzo-calcaire;

Des *quartzites typiques*.

Ces roches sont rarement homogènes. Dans les termes compris entre le grès quartzeux et le quartzite typique, on trouve presque toujours côte à côte des compositions et des structures très variées. Tel échantillon que je désigne sous le nom de quartzite-grès est suivant les points : un quartzite sans ciment, un quartzite à ciment de quartz, un quartzite à ciment quartzo-calcaire, un quartzite-grès à ciment quartzeux ou quartzo-calcaire.

Un seul des grès étudiés pouvait être dépourvu de ciment à l'origine; la notion de ciment primordial s'impose pour tous les autres. En parcourant la série des grès-quartzites et des quartzites-grès, on acquiert la preuve que le ciment originel était calcaire, et l'on assiste à la substitution, en toutes proportions, de la silice au calcaire du ciment, substitution qui permet de passer par degrés insensibles du grès-quartzite au quartzite-grès. En résumé, la très grande majorité des « grès » bartoniens dérivent d'un sable dont les éléments étaient noyés dans une boue calcaire. Il se peut que l'unique échantillon de grès sans ciment ait été calcaire dès le principe, et que la règle ne souffre aucune exception.

Le carbonate de chaux qui figure dans le ciment de la plupart des « grès » bartoniens les rend impropres au pavage des rues. Cordier avait déjà noté que les « grès à ciment calcaire ont l'inconvénient de se laisser attaquer et de se désagréger quand la boue des rues contient quelques principes acidulés »[1].

[1] CORDIER, *op. cit.*, p. 218.

CHAPITRE VII.

GRÈS DE FONTAINEBLEAU.

Les sables de Fontainebleau présentent leur plus grand développement au sud de Paris, où ils mesurent en moyenne une cinquantaine de mètres. Sur de nombreux points, ils renferment à leur partie supérieure du grès très estimé, depuis longtemps exploité sur une grande échelle. Ce grès forme une masse dont la puissance dépasse rarement 6 mètres; elle est parfois dédoublée

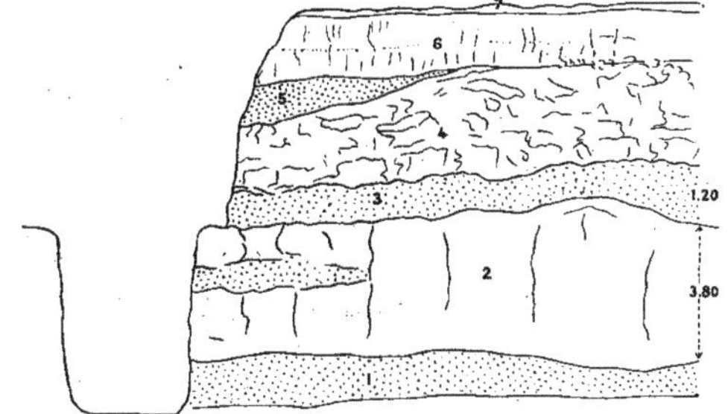

Fig. 10. — Coupe de la carrière de grès de la Ville de Paris, bois des Maréchaux (les Vaux de Cernay) [communiquée par M. G. Dollfus et levée en 1900].

1. Sables de Fontainebleau. — 2. Grès formant, suivant les points, un banc, ou deux bancs séparés par du sable. — 3. Sables de Fontainebleau séparant le grès de la meulière. — 4. Meulière litée à la base. — 5. Sables granitiques. — 6. Limon. — 7. Terre végétale.

par du sable (fig. 10) et l'on distingue alors un banc supérieur et un banc inférieur. M. G. Dollfus mentionne à Chateaufort deux bancs de grès de 1 mètre et de 1 m. 20, séparés par 1 mètre de sable [1]. Le même auteur a observé la subdivision en trois bancs par des sables dont l'épaisseur augmente rapidement aux dépens du grès et qui finissent par le remplacer complètement. Les coupes 15, 16, 17 et 24 que je dois à l'obligeance de M. L. Janet

[1] G. DOLLFUS, Notice sur une nouvelle carte géologique des environs de Paris (*Compte rendu de la 3ᵉ session du Congrès géologique international*, Berlin, 1885, p. 84).

montrent nettement que le même gisement peut être composé, suivant les points, par un ou deux bancs d'épaisseur très variable.

Des sables peu épais surmontent le grès et le séparent du calcaire de Beauce.

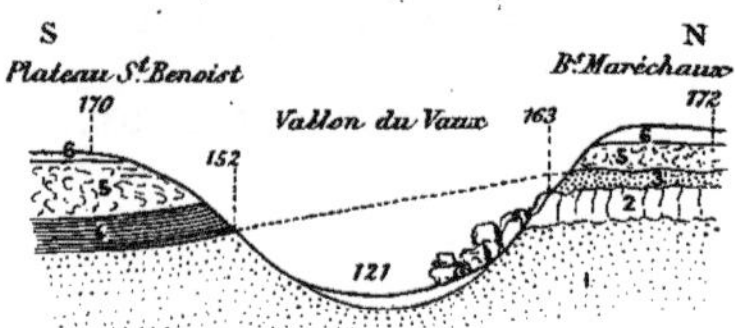

Fig. 11.

1. Sables de Fontainebleau. — 2. Grès, avec blocs éboulés sur les pentes. — 3. Sables supérieurs.
4. Marne de Beauce. — 5. Meulière de Beauce. — 6. Limon.

M. H. Douvillé[1] a démontré que ces grès ne forment pas une table continue comme l'admettait Belgrand. La coupe 11 communiquée par M. G. Dollfus montre clairement que les bancs ont une extension très limitée.

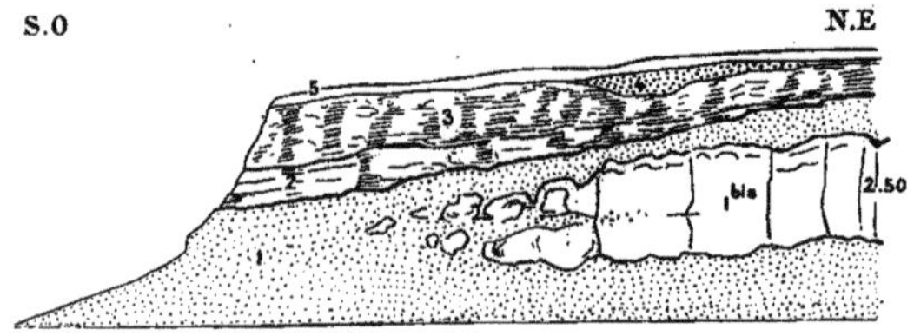

Fig. 12. — Coupe d'une carrière à Épernon, communiquée par M. G. Dollfus.

1. Sables de Fontainebleau avec bande de grès 1 bis. — 2. Calcaire siliceux exploité pour meules.
3. Meulière de Beauce (argile à blocs siliceux). — 4. Poche de sables granitiques. — 5. Terre végétale

Dans la forêt de Fontainebleau, les grès constituent, suivant M. H. Douvillé, des bandes orientées à peu près E. W., alternant en plan avec des bandes sableuses. Chaque alignement gréseux, large de 200 à 300 mètres, forme une masse lenticulaire dans le sens transversal; sur ses bords, le grès revêt un aspect mamelonné, botryoïdal très accusé; des blocs isolés dans le sable en marquent souvent la terminaison (fig. 12).

[1] H. Douvillé, Étude sur les grès de la forêt de Fontainebleau (B. S. G. F., 3ᵉ s., t. XIV, p. 471-481, 1885-1886).

Ces alignements ne sont pas le résultat d'un démantellement partiel d'une table gréseuse primitivement continue; ils ont pris naissance, selon M. Douvillé, au moment même de la consolidation des sables. Ceux-ci offraient à l'origine une surface ondulée, avec des ondulations à peu près parallèles et alignées dans la direction E.-W. « Les grès se sont formés exclusivement sur les points saillants de la surface supérieure des sables »; les dépressions sont restées sableuses.

Les grès de Fontainebleau ont été rangés dans les grès calcaires jusqu'au moment où M. L. Janet en a entrepris l'étude [1]. Il résulte de ses nombreuses analyses que la table gréseuse est entièrement siliceuse, et qu'elle ne renferme environ qu'un millième de carbonate de chaux. Le même auteur a reconnu que « le ciment siliceux est passé lui-même en majeure partie à l'état de quartz, comme les grains de sables qu'il a agglutinés » [2].

M. L. Janet a distingué deux sortes de grès siliceux : « Les uns sont lustrés, ont un éclat gras presque analogue à celui du quartz hyalin, sont extrêmement durs, à peu près imperméables, ont une densité apparente considérable (2,3 à 2,4) et ne peuvent absorber qu'une très faible quantité d'eau; les autres sont constitués simplement par des grains de quartz juxtaposés, avec une très faible quantité de matière agglutinante; leur densité surpasse à peine la densité apparente du sable qui est de 1,6 à 1,7; ils sont poreux et perméables; à cause de leur fragilité, on les a souvent considérés à tort comme des grès à ciment calcaire; les ouvriers carriers leur donnent le nom de *grès imparfaits* ».

« Les grès lustrés occupent habituellement le centre de la masse gréseuse,

[1] Léon JANET, Sur la composition chimique des grès stampiens du Bassin de Paris (*B. S. G. F.*, t. XXII, p. CLXI-CLXIV, 1894).

[2] L'existence d'un ciment dans les grès de Fontainebleau a été signalée dès 1774. Dans un mémoire présenté par de Lassone à l'Académie des Sciences [*], l'auteur établit l'existence réelle d'un « gluten pierreux ». « A la vue simple et sans être armée, on reconnaît et distingue, malgré leur petitesse et leur ténuité, les grains sableux rapprochés et réunis en une masse compacte, et formant les blocs d'une manière uniforme. Sans doute l'adhérence et l'union réciproques de ces premières molécules sableuses sont procurées par un fluide subtil et affiné, qui en les agglutinant se condense avec elles; la subtilité de ce gluten particulier est telle, que quoique universellement répandu dans la masse, comme un moyen unissant entre tous les corpuscules, il ne masque et ne fait disparaître que très faiblement l'apparence et la forme des grains sableux, de sorte que l'on jugerait qu'ils n'adhèrent entre eux que par le contact immédiat sans mélange d'autre matière interposée... ».

[*] DE LASSONE, Mémoire sur les grès en général et en particulier sur ceux de Fontainebleau, in *Mém. de l'Ac. roy. des Sciences*, p. 209-236. Ce travail m'a été signalé et communiqué par M. G. Dollfus.

tandis que les parties voisines des surfaces sont des grès à ciment incomplet. Mais il arrive cependant fréquemment que la masse entière est formée de grès à ciment incomplet.

« Les grès à ciment calcaire sont tout à fait exceptionnels, et constituent généralement de petits blocs, concrétionnés ou cristallisés, adhérents à la masse siliceuse et analogues aux stalactites et stalagmites des grottes. »

Des grès ferrugineux et manganésifères sont subordonnés aux sables de Fontainebleau. « On trouve souvent, dit M. Dollfus[1], au sommet des grès de Fontainebleau, des grès en rognons ou plaquettes minces très ferrugineuses, manganésifères, mais sans continuité ni épaisseur; ils ont été l'objet d'exploitations en divers points, à la Minière, par exemple, près Guyancourt; ce sont des minerais d'infiltration ».

L'étude que M. Termier[2] a consacrée au grès de Fontainebleau en 1895 a fait connaître la structure des grès parfaits et imparfaits; j'en rappellerai plus loin les traits principaux.

Grès ferrugineux des Buttes Chaumont.

(Coll. Mines.)

(Planche I, fig. 1.)

Caractères lithologiques. — La roche passe au poudingue et renferme quelques galets de silex. Elle est très ferrugineuse, teintée en brun ou en noir suivant les points. Cassure grenue; seuls les quartz des parties foncées sont tranchés par la cassure; ils appellent l'attention par un éclat gras que le fond mat de la roche contribue à faire ressortir. A la loupe, on reconnaît que le ciment des parties ocreuses brun clair se borne à encroûter les grains de quartz, tandis qu'il oblitère tous les vides des parties foncées. Il en résulte que la cohérence de la roche change d'un point à l'autre. Les grains ne sont solidement agrégés que dans les zones brunes; partout ailleurs on les détache facilement à l'ongle.

Étude micrographique. — Grains de quartz anguleux ou arrondis à diamètre très variable; plusieurs éléments à structure d'agrégat. L'un d'eux est rempli d'inclusions de rutile qui témoignent de son origine métamorphique.

[1] *Op. cit.*, p. 84.

[2] P. Termier, Sur la structure des grès de Fontainebleau (*B. S. G. F.*, 3ᵉ s., t. XXIV, p. 344-348, 1895).

Le ciment est en limonite. Dans les parties de couleur brun clair, l'oxyde de fer recouvre tous les grains d'une enveloppe d'épaisseur inégale et notable (d), sans combler les vides qui les séparent (e); elle se borne à former des taches irrégulières dans un petit nombre d'interstices (c). De sorte qu'en lumière blanche, le ciment dessine un réseau très lâche et continu qui marque la place des grains, et souligne l'importance des vides. Les minéraux ne se touchent pas directement, c'est-à-dire que la couronne ferrugineuse n'est jamais interrompue à leur contact. Il y avait donc un ciment à l'origine du dépôt. La trame ferrugineuse actuelle n'est certainement pas le ciment primordial.

La roche est un *grès ferrugineux* à ciment de limonite très incomplet.

Quartzite-grès ferrugineux cristallisé de Palaiseau (Seine-et-Oise).

(Coll. Mines.)

(Planche II, fig. 3.)

Caractères lithologiques. — Une bande ferrugineuse parallèle à la stratification décompose l'échantillon étudié en trois parties. La masse principale est dure, saccharoïde, caractérisée par une cassure très écailleuse; la partie qui en est séparée par la zone ferrugineuse correspond à la surface du banc de grès; elle est grenue, beaucoup moins cohérente et tachée d'oxyde de manganèse. Le lit ferrugineux, compris entre ces deux grès en apparence si différents, mesure au plus 1 centimètre d'épaisseur; il est brun noirâtre sur les bords, brun clair au centre. La préparation étudiée traverse toute la zone ferrugineuse, entame à peine la partie non saccharoïde, et s'étend sur un demi-centimètre environ du « grès » à cassure écailleuse.

Étude micrographique. — Les caractères morphologiques des grains de quartz de la bande ferrugineuse en font un type de grès tout à fait aberrant pour le Bassin de Paris. Beaucoup d'éléments ont des contours géométriques d'autant plus nets qu'ils sont soulignés par un ciment ferrugineux (c, d). On reconnaît par exemple de nombreuses sections transversales en forme d'hexagones avec les faces e^2 ($10\bar{1}0$) également développées ou non. Les coupes verticales montrent les faces du prisme assez allongées ou très courtes avec tendance à la forme bipyramidée, constituée par e^2 ($10\bar{1}0$), p ($10\ 1$), $e^{1/2}$ ($01\bar{1}1$).

Les angles des sections sont vifs, sans traces d'usure. Le fait ne comporte

9.

aucune exception. On est donc amené pour ce motif à supposer que la forme cristallisée est secondaire, qu'elle a pris naissance par accroissement de grains de sable pendant la consolidation du dépôt. Les nombreux éléments pourvus d'une auréole très nette montrent que la forme cristalline est effectivement le résultat d'un accroissement *in situ*.

Quelques individus sont riches en inclusions presque toujours solides. Plusieurs grains renferment des inclusions liquides à bulle mobile.

Presque tous les grains se touchent; ils s'accolent par leurs faces planes, ou par leurs contours irréguliers, et ne laissent au ciment qu'une place très restreinte.

La limonite comble une partie des vides et dessine des coins isolés très nets (*e*); d'autres fois, elle crée une trame continue qui enveloppe complètement quelques grains. En de nombreux points, l'oxyde de fer se borne à tapisser les parois des espaces intergranulaires; elle forme alors des coins dont l'intérieur est creux. Les caractères macroscopiques de la bande ferrugineuse s'expliquent aisément : l'oblitération complète des vides donne naissance aux parties brunes très cohérentes; le ciment ferrugineux incomplet correspond aux parties brun clair.

En dehors de la zone ferrugineuse, on retrouve une structure analogue dans le grès à cassure écailleuse; les grains cristallisés se font plus rares. Tous les minéraux se touchent et s'accolent sans le secours d'un ciment. Les vides cunéiformes abondent.

Du côté opposé, dans le grès grenu, l'accroissement secondaire est plus rare, les contours détritiques dominent, mais les grains sont en contact et non cimentés; ils sont maintenus en place par les plages de quartzite.

Le lit ferrugineux est un *quartzite-grès* cristallisé à ciment ferrugineux,

Le « grès » à cassure écailleuse est un *quartzite-grès* sans ciment.

Le grès grenu est un *grès-quartzite* sans ciment.

La présence d'un ciment primordial n'était indispensable que dans une petite fraction du dépôt. Il m'est impossible de dire si tout le ciment ferrugineux occupe la place d'un ciment primordial, ou si une partie de ce ciment s'est déposée dans les vides qui séparaient la plupart des grains. Cette dernière hypothèse permet d'interpréter plus facilement les plages pourvues d'un ciment ferrugineux incomplet. Le type quartzite-grès domine dans la roche; elle doit donc figurer dans la classification sous le nom de *quartzite-grès* ferrugineux cristallisé.

Grès ferrugineux à muscovite.

(Coll. Mines.)

Origine inconnue.

Caractères lithologiques. — La roche est stratiforme, constituée par des lits de couleur variée, gris jaunâtre, brun clair, etc., suivant la proportion de limonite qui l'imprègne. On y distingue de nombreuses zones micacées quelquefois exclusivement formées de paillettes juxtaposées. L'état d'agrégation est très faible; sous une simple pression des doigts les éléments se séparent et la roche tout entière se transforme en sable. A la loupe aucun des grains de quartz n'est brisé; le choc du marteau désagrège les minéraux sans les diviser.

Étude micrographique. — Roche constituée par des grains de quartz de dimensions très différentes, les uns parfaitement arrondis, les autres très anguleux; quelques agrégats; très rares débris de *tourmaline* et plusieurs grains de *silex.* En dehors des lits micacés, la *muscovite* est presque absente.

Les minéraux sont maintenus en place par un ciment brun très pâle de limonite; qui existe partout et sépare tous les éléments. La roche est un *grès ferrugineux à muscovite,* dont le ciment est secondaire.

Grès calcaire «cristallisé» de Fontainebleau.

(Coll. Mines.)

(Planche IV, fig. 7.)

Le gisement de cet échantillon se trouve dans la forêt de Fontainebleau, à Bellecroix, d'où l'on a tiré les beaux spécimens de « grès cristallisé » qui figurent dans toutes les collections de minéralogie.

Le gisement de Bellecroix comprend deux bancs de grès siliceux séparés par du sable. Une cavité résultant de l'enlèvement du sable a mis à nu la base du banc supérieur entièrement tapissée de rhomboèdres. En d'autres points, suivant M. L. Janet, c'est la partie supérieure du banc gréseux inférieur qui porte ces rhomboèdres.

Caractères lithologiques. —Roche caractérisée par de grands cristaux rhomboédriques, quelquefois isolés, presque toujours incomplets et greffés les uns sur les autres. La cassure montre de grandes surfaces miroitantes, correspondant aux clivages de la calcite. Ces surfaces de clivage sont piquetées d'une foule de petits points mats qui marquent la place des grains de quartz; à la loupe les minéraux paraissent entiers et en saillie sur la cassure.

Étude micrographique. — Presque tous les grains de sable sont anguleux et dépourvus de traces d'usure; on y rencontre des individus anguleux très allongés qui font défaut dans tous les autres grès de Fontainebleau. Les agrégats sont fréquents et d'origine détritique évidente. La majorité des grains sont limpides et pauvres en inclusions.

Les minéraux sont isolés et plongés dans un ciment de calcite très abondant qui représente à peine le tiers de la roche [1]. Le calcaire de chaque préparation appartient souvent à un seul et même cristal. La roche était pourvue d'un ciment à l'origine; il est probable que c'est le ciment primordial recristallisé, peut-être enrichi par des infiltrations venues de la surface, qui a donné naissance aux grands rhomboèdres inverses. Le gisement des cristaux paraît en rapport avec la place exceptionnellement importante laissée au ciment.

La réalisation de la forme rhomboédrique est un caractère très secondaire à notre point de vue; la roche doit figurer dans la classification parmi les *grès calcaires* et sous le nom de *grès calcaire cristallin* [2].

<h3 style="text-align:center">«Grès manganésifère et cobaltifère» de Palaiseau
(Seine-et-Oise).</h3>

(Coll. Mines.)

(Planche 1, fig. 2.)

Ce grès est connu depuis longtemps dans les environs de Paris. Il a été décrit par Cordier (*in* Ch. d'Orbigny [3]) comme une « roche noirâtre composée de grains de quartz associés à du deutoxyde de manganèse et de cobalt,

[1] M. L. Janet a signalé jusqu'à 30 p. 100 de carbonate de chaux dans les rhomboèdres.

[2] Dans son étude des grès de Fontainebleau, de Lassone mentionne en 1774 une note très intéressante de Romé de Lisle sur le grès de «forme rhomboïdale» : «On observe que cette espèce de grès n'est pas pur, que l'acide nitreux l'attaque à raison d'une substance calcaire qui entre dans sa mixtion et dans sa composition en proportion d'un peu plus d'un tiers sur le total, et l'on ajoute que peut-être la cristallisation de cette pierre sableuse n'a été déterminée que par le mélange et le concours de la matière calcaire qui paraît servir de ciment». *Op. cit.*, p. 223.

[3] CORDIER, *op. cit.*, p. 226.

avec traces de cuivre et d'arsenic. Cette roche, découverte par le duc de Luynes, forme des veines assez étendues dans les grès supérieurs d'Orsay et de Palaiseau, près de Paris ». Elle a été exploitée en divers points comme minerai de manganèse.

Caractères lithologiques. — Roche d'un beau noir, cohérente ; cassure grenue montrant des éléments de quartz dont l'éclat gras paraît exagéré par le fond noir mat du ciment. Ces grains ne sont pas sectionnés par la cassure. Le minéral noir tache les doigts comme la suie.

Étude micrographique. — Le quartz existe à l'exclusion des autres minéraux ; agrégats fréquents.

Tous les grains sont recouverts d'une fine gaine d'un noir franc (*d*), d'épaisseur à peu près uniforme avec des épaississements vers l'intérieur des vides. Le liséré ne s'interrompt jamais au contact des minéraux ; il peut s'épanouir au point de remplir complètement quelques espaces intergranulaires (*c*). Le ciment forme donc une trame absolument continue, qui, en lumière blanche, apparaît dans tous les détails avec une grande netteté. Cette matière noire est opaque et sans action sur la lumière polarisée. Elle est constituée par du cobalt oxydé noir ou *asbolane*, espèce qui contient :

$$MnO \dots \dots \dots \dots \dots \dots 30 \text{ à } 40 \text{ p. } 100.$$
$$CoO \dots \dots \dots \dots \dots \dots 20 \text{ à } 32$$
$$H^2O \dots \dots \dots \dots \dots \dots 21 \text{ à } 23$$

Il reste des vides très importants entre tous les grains. Ils sont parfois tapissés et incomplètement remplis par une substance jaune d'apparence ocreuse, non polychroïque, dont la biréfringence est caractérisée par des teintes jaunes de la même nuance que la couleur du minéral, et par une extinction très onduleuse (*f*). Il est exceptionnel que le produit jaune oblitère les vides. Sa nature est indéterminée ; c'est peut-être un oxyde de cobalt arséniaté.

L'examen des sections en lumière polarisée parallèle, en faisant disparaître tous les minéraux opaques, montre qu'une large place était réservée au ciment primordial. Cet exemple prouve qu'un dépôt à ciment originel peut donner finalement une roche à ciment secondaire riche en vides. On peut faire deux hypothèses à ce sujet : 1° le ciment primordial calcaire n'a été épigénisé qu'autour des grains de quartz, et le reste a disparu par dissolution ; 2° le cal-

caire du ciment qui formait à l'origine un réseau très lâche s'est concentré autour des grains, pour être ensuite remplacé par le manganèse.

La roche est un *grès manganésifère et cobaltifère*.

Grès-quartzite calcédonieux (montée de Bougival à Louveciennes) (= «Grès lustré»).

(Coll. Mines.)

(Planche IX, fig. 20.)

Caractères lithologiques. — Roche gris clair, très fine, à grain imperceptible, d'aspect lustré, gras et opalescent. Cassure unie, plane ou rhomboïdale,
remarquablement satinée et translucide sur les bords. A la loupe, on distingue
nettement des grains et un ciment. Sous une certaine incidence, le ciment est
gris clair, mat et opalescent.

Les grès lustrés sont les plus durs de tous les grès dits *de Fontainebleau*.

Étude micrographique. — Grains de quartz de forme anguleuse ou arrondie
dont le diamètre est sensiblement constant. Quelques *tourmalines* fragmentaires,
zircon et *rutile* toujours dépourvues de contours cristallins; feldspath *plagioclase*
à raison d'un élément par section.

On rencontre dans cette roche les types de quartz mentionnés dans tous les
grès lustrés. A côté des éléments qui présentent des traces d'usure très nette
on observe :

1° Des grains à bords festonnés ou chevelus solidement attachés au
ciment (*a, b*);

2° Des grains à contours nuageux dont les bords semblent fondus avec
le ciment;

3° Des éléments profondément corrodés.

En lumière blanche, le ciment est teinté en jaune très pâle et paraît homogène aux faibles grossissements; il se résout entre les nicols croisés en calcédoine et opale.

La calcédoine revêt dans son ensemble un aspect chevelu très marqué;
elle est à l'état de fibres extrêmement ténues disposées normalement à la surface des grains; elle les enveloppe d'une auréole très nette, presque toujours
interrompue au point de contact des éléments. Les différentes manières d'être
du ciment sont les suivantes :

1° La calcédoine disposée en fibres rayonnantes autour des minéraux occupe tous les vides;

2° Elle laisse entre les grains de petits intervalles qu'elle remplit par un assemblage confus de lamelles;

3° Un peu de quartz s'ajoute à la calcédoine au centre des espaces inter-granulaires;

4° La partie centrale de ces intervalles est occupée par une petite tache de limonite.

Un peu de silice amorphe est interposée entre les fibres de calcédoine; elle masque partiellement cette substance en lumière polarisée parallèle; il en résulte que les teintes de polarisation de la calcédoine sont souvent difficiles à apprécier. Aux forts grossissements et en lumière blanche, le ciment présente une structure concrétionnée très accusée.

La plupart des grains sont complètement enveloppés dans le ciment; aussi l'intervention d'une gangue primordiale est-elle nécessaire. La prédominance des grains à contours non modifiés fait rentrer cette roche dans les *grès-quartzites calcédonieux.*

« Grès » de la Carrière des Maréchaux, Cernay-la-Ville (Seine-et-Oise).

(Coll. Mines.)

La figure 10 (p. 63) donne une idée de la Carrière des Maréchaux de la Ville de Paris, telle qu'elle était en 1900. M. L. Janet a bien voulu me communiquer toute une série de documents qui lui ont été fournis sur le gisement par des puits de recherches ouverts en 1904-1905. J'en extrais trois coupes détaillées qui synthétisent les principaux caractères du gite et en soulignent la grande variabilité.

La coupe 13 met en évidence l'existence d'un seul banc de grès mesurant 1 m. 87, surmonté par 1 m. 31 de sable.

La coupe 14 montre un banc de grès dont l'épaisseur atteint 6 m. 22 et qui est interrompu par trois enclaves de sables; il est probable que les trois bancs sableux augmentent progressivement de puissance et qu'ils prennent peu à peu la place du grès. L'épaisseur de la masse de grès peut être très faible lorsqu'elle est réduite à un seul banc. Une coupe de M. Janet non reproduite signale un banc de 1 m. 10 recouvert par 2 m. 05 de sable.

IMPRIMERIE NATIONALE.

La figure 15 accuse le dédoublement très net de la masse de grès. Elle est découpée en deux bancs séparés par 1 mètre de sable. Les sables supérieurs au grès ne mesurent que 0 m. 46.

L'épaisseur des deux bancs est sujette à de grandes variations. Ils mesurent respectivement 2 m. 41 et 1 m. 22 dans la coupe 15. Un autre puits a rencontré des bancs de 2 m. 93 et 0 m. 25 séparés par 0 m. 25 de sable.

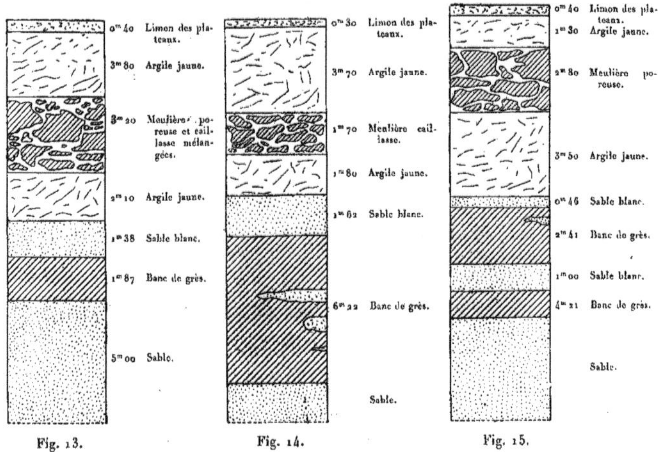

Fig. 13.   Fig. 14.   Fig. 15.

Quant à la puissance du sable qui couronne la masse de grès, elle varie d'après les documents de M. L. Janet de 0 m. 35 à 2 m 05. Le minimum d'épaisseur est réalisé au-dessus d'un unique banc de grès de 3 m. 23 et le maximum a été observé sur un banc de grès de 1 m. 10.

J'ai soumis à l'étude micrographique quatre échantillons de la même provenance appartenant à l'École des mines. Ils occupent des positions différentes dans l'exploitation.

Le premier est désigné sous le nom de *grès dur* du banc inférieur;

Le deuxième est un *grès demi-dur* du banc supérieur;

Le troisième, un *grès dur* du banc supérieur;

Le quatrième, un *rognon de silex adhérent au banc supérieur*.

1. Quartzite-grès (= grès dur du banc inférieur). – *Caractères litholo-giques.* — Roche grise, assez fine, très cristalline, à cassure très écailleuse et peu grenue. A la loupe cette cassure paraît trancher tous les grains.

Étude micrographique. — Grains de quartz de forme générale anguleuse et non calibrés, dont l'extinction est fréquemment onduleuse; nombreux agrégats. *Tourmaline* fragmentaire et *zircon* en grains très rares.

L'accroissement secondaire des grains est très marqué; il leur permet le plus souvent de se mouler les uns sur les autres sans laisser de vides. L'auréole de quartz récent est très accusée, en raison de sa limpidité qui fait souvent contraste avec l'aspect sale des éléments remplis d'inclusions. L'arrêt de développement de nombreux individus laisse subsister des vides en forme de coins; du quartz finement grenu en oblitère quelques-uns.

La roche est un *quartzite-grès* sans ciment qui dérive d'un dépôt à ciment primordial.

2. Grès-quartzite (= grès demi-dur). – *Caractères lithologiques.* — Roche gris clair; cassure très grenue, rarement écailleuse. Nombreux petits vides discernables à la loupe.

Étude micrographique. — Grains de quartz de diamètre variable, de forme anguleuse ou arrondie, offrant souvent le phénomène de l'extinction roulante. Nombreux agrégats; quelques morceaux de *tourmaline,* un grain de *rutile.*

Les préparations se signalent par une teinte gris sale, due aux nombreuses inclusions qui privent souvent le quartz de sa transparence habituelle. Les inclusions solides sont de beaucoup les plus fréquentes; un grain de quartz renferme jusqu'à 11 petits prismes de *tourmaline;* le *zircon* figure également dans le quartz où il est parfois représenté par plusieurs individus dans un élément donné. Les inclusions liquides sont plus clairsemées.

De nombreux individus ont une petite auréole et se moulent les uns sur les autres. Mais à côté de pareils grains, on en rencontre qui ne montrent aucune trace d'accroissement secondaire. Les petites plages auxquelles ils donnent naissance par juxtaposition sont complètement dépourvues de ciment. La roche est, suivant les points, un *quartzite,* un *grès sans ciment* ou plus exactement un *sable.* Les parties sableuses ne sont maintenues en place que par les noyaux de quartzite. Je donne au dépôt le nom de *grès-quartzite* pour

mettre en évidence la prépondérance des grains qui ont conservé leurs contours originels. Sa cohérence est, par suite de l'abondance des vides, très inférieure à celle du *quartzite-grès;* on est d'ailleurs averti par la cassure que
l'état d'agrégation des éléments est très imparfait. L'existence d'un ciment
primordial est nécessaire pour certaines plages.

3. QUARTZITE-GRÈS (= grès dur du banc supérieur). – *Caractères lithologiques.* — Roche gris clair, très cristalline, à cassure écailleuse.

Étude micrographique. —. Les grains de quartz présentent les mêmes caractères que dans le grès demi-dur. Quelques *tourmalines,* un *zircon.* Des éléments sont pourvus d'une couronne de quartz secondaire très large. La très
grande majorité forment des plages de quartzite compacte. Les vides sont beaucoup moins nombreux que dans le grès demi-dur; c'est pour ce motif que la
roche offre une cohérence plus grande, et qu'elle est qualifiée de *grès dur.*

La roche est un *quartzite-grès* qui suppose comme les précédentes l'intervention d'un ciment primordial.

4. QUARTZITE CALCÉDONIEUX (= rognon de silex adhérent au banc supérieur). – *Caractères lithologiques.* — L'échantillon se décompose en deux
parties : l'une située en bordure du « silex » est un véritable grès grenu; l'autre
correspondant à la masse principale de la roche est très cristalline, lustrée,
d'aspect gras, à cassure fine, unie et un peu écailleuse par places. A la loupe,
on distingue assez facilement un ciment mat, d'aspect parfois opalescent. Le
grès lustré et le grès grenu ont une séparation bien tranchée.

Étude micrographique. — La masse lustrée présente les caractères suivants :
grains de quartz anguleux ou arrondis. Leurs contours sont le plus souvent
festonnés ou intimement soudés au ciment comme dans tous les grès lustrés
analysés plus haut. Les agrégats dont la présence est si constante dans les
autres spécimens font défaut.

Le ciment est un mélange de calcédoine et d'opale. La calcédoine domine
de beaucoup; elle se développe autour des minéraux en fibres normales à
leur surface; ailleurs elle donne souvent naissance à des sphérolithes complets. L'opale est indifférenciée, parfois perlitique.

De rares éléments de quartz sont revêtus d'une petite couronne régulière de quartz secondaire; la bordure frangée signalée chez la plupart des grains trahit également un très faible accroissement secondaire. Un grand nombre de minéraux ne se touchent pas et l'on peut apprécier ici la place qui était réservée au ciment originel. La roche n'est pas un silex, mais un quartzite à ciment de calcédoine.

En résumé les grès de la Carrière des Maréchaux ont des structures qui expliquent clairement les différences de qualité des matériaux qu'ils fournissent. Les quatre échantillons étudiés correspondent à quatre types distincts; il est probable que l'examen d'un plus grand nombre de spécimens révélerait l'existence de structures encore plus variées. Tous ces « grès » dérivent d'un sable dont les grains étaient englobés dans un boue qui a servi plus tard de ciment; il ne reste aucun vestige de la gangue originelle.

Quartzite-grès et quartzites d'Orsay (Seine-et-Oise).

(Coll. Mines.)

Caractères lithologiques. — L'échantillon se décompose en trois parties : une zone externe à structure de quartzite; une zone moyenne lustrée réalisant un excellent type de grès lustré et passant graduellement à la précédente; la troisième ayant l'aspect d'un grès normal.

La roche qui constitue la première zone est grenue et caractérisée par une cassure écailleuse. Les écailles d'abord très larges et nombreuses diminuent rapidement d'importance pour disparaître complètement dans les parties les plus lustrées. On peut s'assurer à la loupe que tous les grains sont traversés par le plan de rupture et qu'il n'y a pas de ciment visible.

Le grès lustré est très cristallin. Sous une certaine incidence, on aperçoit mais difficilement un ciment incolore, dépourvu d'éclat, avec un léger reflet opalescent. La limite est bien tranchée du côté du grès normal.

La partie gréseuse est grenue, parsemée de rares écailles, beaucoup moins nettes que celles du quartzite.

Étude micrographique. — Ces trois parties correspondent en réalité à trois structures très différentes qui se caractérisent de la façon suivante :

1° QUARTZITE. — Composé de grains moulés les uns sur les autres; les auréoles secondaires visibles accusent un nourrissage très important effectué en plusieurs temps. Les rares vides laissés par le développement du quartz sont remplis de quartz microcristallin, ou d'un mélange de calcédoine et de petits quartz sans orientation fixe, ou de calcédoine seule. La calcédoine est disposée ou non en fibres ténues normales aux parois des vides.

La roche est un quartzite qui comporte des traces de ciment en de rares points.

2° QUARTZITE À CIMENT. — La place réservée au ciment, négligeable dans la première zone, augmente progressivement. Dans la partie lustrée on distingue côte à côte des plages de quartzite typique et des plages de quartzite à ciment de calcédoine, de quartz, de quartzine et d'opale.

Le ciment présente les manières d'être suivantes :

A. Beaucoup de grains de quartz sont pourvus d'une série d'enveloppes concentriques de quartz orientées comme les éléments auxquelles elles sont circonscrites. L'ensemble s'éteint d'un seul coup et prend en même temps l'éclairement maximum. A ces auréoles de quartz fait suite ou non une couronne de calcédoine en fibres très ténues qui tapisse les vides intergranulaires ; l'intérieur de ces vides est occupé par de la calcédoine non orientée, ou par de la calcédoine et du quartz.

B. Une seconde manière d'être correspond rigoureusement à celle qui a été observée par M. Termier : les grains revêtus de plusieurs auréoles de quartz secondaire ont leur surface libre entourée d'une zone parfois très large, formée de fibres de calcédoine très fines, plongées dans du quartz non fibreux orienté comme le grain qu'il entoure. L'ensemble présente en lumière polarisée l'aspect chevelu mentionné par M. Termier.

C. Les interstices sont remplis par du quartz confusément cristallisé.

D. La calcédoine forme dans les vides un sphérolithe imparfait où la quartzine figure en larges pinceaux.

Partout où l'on rencontre la calcédoine, il existe un peu d'opale indifférenciée ; c'est elle qui donne une teinte jaunâtre au ciment examiné en lumière blanche.

Sur les bords des vides exclusivement occupés par le quartz, ou remplis par un mélange de quartz et de calcédoine, on observe fréquemment des grains à contours frangés ou nuageux. Les individus qui présentent ce caractère possèdent ou non une couronne de quartz secondaire. Cette transformation de la périphérie des grains n'existe et ne peut exister que dans les parties en contact avec le ciment; la place réservée au ciment étant faible, il en résulte que l'apparence lustrée qui est étroitement liée à la présence de grains à contours dentelés et chevelus est moins accusée que dans tous les grès lustrés précédemment décrits.

La roche qui constitue la zone moyenne de l'échantillon rentre dans les quartzites, bien qu'elle réalise un type différent de la précédente; elle se résout en un mélange de quartzite à grains moulés les uns sur les autres, et de quartzite à ciment où l'on voit figurer de nombreux éléments insuffisamment nourris pour combler les vides et souvent caractérisés par des contours très découpés.

3° QUARTZITE-GRÈS. — Dans la troisième zone, les nombreux vides ne sont jamais oblitérés. Ils affectent la forme de coins isolés ou réunis en petit nombre. L'accroissement secondaire est visible chez beaucoup d'éléments autour desquels il dessine une série d'enveloppes concentriques. La roche participe de la nature du quartzite et du grès suivant les points; je la désigne sous le nom de *quartzite-grès* poreux.

En résumé la roche d'Orsay montre un passage graduel et rapide du quartzite typique au quartzite-grès par l'intermédiaire d'un quartzite à ciment.

Dans toutes les parties de l'échantillon, on peut faire la preuve de l'existence d'un ciment primordial. Un élément de quartz entouré d'une large auréole secondaire renferme une forte proportion de calcite dans l'auréole même. Cet indice — le seul fourni par le dépôt, — permet de supposer que le ciment originel était calcaire. Sans cause apparente, la silice secondaire a donné naissance à trois structures différentes et à quatre variétés de silice, le tout visible dans la même préparation. Le ciment correspond-il à un second temps dans le développement de la silice secondaire, ou a-t-il pris naissance en même temps que la silice qui nourrit les grains anciens? C'est à cette seconde alternative que je me rallie de préférence. Le passage insensible des grains à bords nuageux au ciment de quartz plaide en faveur de l'origine simultanée des différentes manières d'être du quartz secondaire.

Quartzite d'Orsay (Carrière de la Justice) (Seine-et-Oise).

(Coll. Mines.)

Caractères lithologiques. — Roche comprenant deux parties bien distinctes : un bord ferrugineux de couleur ocreuse, composé de grains simplement encroûtés de limonite et séparés par des vides; un grès très fin, gris blanc. dont les éléments sont à peine perceptibles à l'œil nu. La cassure de cette dernière roche est régulière, unie, un peu rugueuse au toucher, légèrement satinée et parsemée de fines écailles.

A quelques centimètres du contact avec la partie ferrugineuse, le grès se montre à la loupe formé de grains juxtaposés; puis on voit apparaître un ciment d'un blanc mat qui se développe de plus en plus vers le grès ferrugineux et fait ressortir les minéraux. La séparation des deux parties se fait par une sorte de trait ferrugineux rectiligne, de couleur plus foncée.

Les grains de quartz enveloppés de limonite sont intacts sur la cassure; tous les autres sont tranchés par le plan de rupture.

Étude micrographique. — Une préparation faite au contact des deux parties et qui traverse une assez grande épaisseur de grès non ferrugineux révèle trois structures différentes :

1° La masse principale est un *quartzite*, dont tous les grains de quartz sont auréolés et moulés les uns sur les autres;

2° Quand on s'éloigne du quartzite dans la direction de la roche ferrugineuse, on voit apparaître de nombreux vides remplis de quartz, formant une mosaïque extrêmement fine. En ces points, la structure est celle d'un *quartzite-grès* à ciment.

3° Sur les bords de la préparation, la limonite remplit les vides et forme un ciment continu ou non. On est alors en présence d'un *grès-quartzite ferrugineux.*

Le dépôt initial était un sable impur dont les grains étaient noyés dans une vase probablement calcaire. Le nom de quartzite, sous lequel je désigne la roche, ne convient en réalité qu'à une partie de l'échantillon.

RÉSUMÉ ET CONCLUSIONS.

Les « grès » de Fontainebleau présentent divers caractères constants dont quelques-uns les éloignent de ceux de Beauchamp :

1° Fréquence des agrégats de quartz;
2° Extrême rareté ou absence des feldspaths;
3° Absence des fragments de silex;
4° Absence absolue de la glauconie;
5° Absence de débris organiques;
6° Absence absolue de corps oolithiques.

C'est dans la série stampienne qu'on observe les compositions et les structures les plus variées. J'ai distingué :

Des *grès calcaires* à ciment originel recristallisé;
Des *grès ferrugineux* de différents types;
Des *grès manganésifères et cobaltifères;*
Des *grès-quartzites* sans ciment;
Des *grès-quartzites* à ciment ferrugineux;
Des *grès-quartzites* à ciment de calcédoine;
Des *quartzites-grès* sans ciment;
Des *quartzites-grès* à ciment ferrugineux;
Des *quartzites* à ciment de calcédoine;
Des *quartzites* à ciment de calcédoine et de quartz;
Des *quartzites* à ciment de quartz;
Des *quartzites typiques.*

J'ai signalé plusieurs exemples de « grès » qui montrent des structures très différentes associées dans le même échantillon, parfois même dans l'espace restreint correspondant à une préparation.

Tous les grès stampiens analysés étaient à l'origine composés de grains de quartz non juxtaposés; tous ont été pourvus d'un ciment primordial dont il ne reste pas le plus petit vestige sauf dans le grès calcaire. Pour des raisons que je développerai au chapitre des conclusions générales, j'admets que les grès de Fontainebleau ont été calcaires à l'origine.

IMPRIMERIE NATIONALE.

La comparaison des grès bartoniens et stampiens fait ressortir une différence essentielle entre les deux dépôts. Le carbonate de chaux figure dans la
grande majorité des grès bartoniens et forme à lui seul le ciment de nombreux spécimens. Sa présence est tout à fait exceptionnelle dans les grès de
Fontainebleau. Cette circonstance, ainsi que la fréquence de la structure
propre aux quartzites dans les grès stampiens, en expliquent la grande valeur
pour le pavage des routes.

DEUXIÈME PARTIE.

GÉNÉRALITÉS ET CONCLUSIONS.

La seconde partie de ce mémoire sera consacrée à l'étude des questions
suivantes :

Structure et classification des grès et quartzites.
Particularités de composition des grès et quartzites.
Études de différentes propriétés physiques des grès et quartzites.
Diagnostic macroscopique des grès et quartzites.
Origine des grès et quartzites du Tertiaire parisien.
Pluralité des origines du type quartzite.

CHAPITRE VIII.

STRUCTURE ET CLASSIFICATION DES GRÈS ET QUARTZITES.

Définition du grès et du quartzite.

On donne le nom de *grès* à des roches essentiellement composées de grains de quartz agglutinés par un ciment de nature quelconque. Tous les grès sont d'anciens sables. Les éléments de quartz qui en forment la partie principale ont été transportés par l'eau ou par le vent; leurs contours sont usés, et plus ou moins arrondis.

Deux conditions sont nécessaires pour qu'une roche résultant de l'association de grains de quartz soit un grès :

    1° *Origine clastique des matériaux;*
    2° *Conservation des contours détritiques des grains.*

Les *quartzites* sont des roches composées de grains de quartz moulés les uns sur les autres. Quelle que soit l'origine des quartzites, les éléments constituants sont absolument dépourvus de traces d'usure; leur forme est toujours irrégulière.

Cordier [1] définissait le quartzite une « roche agrégée (sans ciment), composée essentiellement de quartz proprement dit, à contexture grenue, arénoïde ou compacte ».

Ch. d'Orbigny [2], à qui l'on doit la publication des notes de Cordier sur les roches, a complété cette définition en ajoutant :

« Le quartzite de M. Cordier est toujours stratiforme et d'origine pyrogène. Il ressemble parfois à certains grès quartzeux sédimentaires (conglomérats) avec lesquels on le confond généralement; mais il s'en distingue en premier lieu par son origine ignée, en second lieu parce qu'il a été formé

[1] et [2] Ch. D'ORBIGNY, Description des roches composant l'écorce terrestre..... Ouvrage rédigé d'après la classification, les manuscrits inédits et les leçons publiques de P.-L.-A. Cordier, 1868, p. 207.

sur place, *sans ciment;* et enfin par les angles plus ou moins proéminents que présentent presque toujours ses grains cristallisés. »

Il résulte du commentaire de Ch. d'Orbigny que le terme « quartzite » servait exclusivement à désigner des roches non sédimentaires.

De nos jours le facteur origine n'intervient plus dans la définition du quartzite. Toutes les roches sédimentaires ou métamorphiques qui présentent la structure caractérisée plus haut sont des quartzites.

En conséquence, *c'est une notion d'origine qui conditionne le grès; c'est une notion de structure qui conditionne le quartzite.*

DE L'EXTENSION À DONNER AU GROUPE DES QUARTZITES.

D'après les définitions que je viens de donner, les grès ont un ciment et les quartzites en sont dépourvus. Si l'on s'en tient à cette conception rigoureuse des grès et des quartzites, il est impossible de classer de nombreuses roches du Bassin de Paris.

Voici par exemple un dépôt formé de grains de quartz noyés dans un ciment siliceux. Les grains de quartz, sans exception, présentent un accroissement secondaire; leurs contours primitifs sont visibles ou non. Dans tous les cas, leur forme actuelle est irrégulière et les caractères détritiques sont effacés; parfois même quelques éléments presque contigus à l'origine se moulent les uns sur les autres et engendrent de petites plages de quartzite. Comment faut-il nommer une pareille roche? Elle participe du grès par son ciment et du quartzite par la forme de ses grains qui masque leur origine première. Inversement, elle s'éloigne du grès par la disparition des contours clastiques des grains et du quartzite par la présence du ciment.

Remarquons que le trait fondamental du grès, c'est le caractère détritique de ses éléments; le criterium du quartzite est le moulage des grains les uns sur les autres, et par voie de conséquence l'absence de caractères détritiques dans le quartz. Une roche qui n'a plus rien de clastique ne peut être confondue avec le grès qui est la roche détritique par excellence. Au fond l'histoire de la roche en question est celle de beaucoup de quartzites. Il s'est produit un nourrissage des grains clastiques — qui aurait abouti à la genèse d'un quartzite typique si les éléments avaient été plus rapprochés ou juxtaposés. Si l'origine des deux dépôts est la même, si les caractères morphologiques des grains de quartz sont identiques, on peut dire que les affinités de cette roche la rapprochent beaucoup plus des quartzites que des grès. Pour éviter d'introduire dans la classification des roches sédimentaires un nouveau terme dont la création ne me paraît pas suffisamment justifiée, je propose de faire rentrer une pareille roche dans les quartzites. Refuser de la rattacher aux quartzites, c'est donner la priorité à cette particularité bien secondaire, en vérité, que les grains de quartz étaient trop éloignés à l'origine pour qu'un accroissement secondaire les soude les uns aux autres. La caractéristique fondamentale du groupe des quartzites ne serait plus l'existence exclusive de grains moulés les uns sur les autres, mais la suppression du caractère détritique des éléments et la forme irrégulière des grains qui leur permet de se mouler les uns sur les autres — quand ils sont suffisamment rapprochés.

La famille du quartzite ainsi élargie comprend deux termes : le *quartzite typique* qui répond rigoureusement à l'ancienne définition et le *quartzite à ciment*. Ces deux termes passent graduellement de l'un à l'autre. Dans tous les cas, le caractère distinctif du quartzite est tiré de la forme irrégulière et anguleuse des grains de quartz qui ne sont jamais roulés et arrondis.

On peut se demander si ce criterium offre toute la précision voulue pour lui donner le pas sur tous les autres. La question ne se pose point pour les quartzites typiques, puisque tous les éléments ont des contours tellement irréguliers qu'ils s'appliquent les uns sur les autres sans laisser de vides. Quant aux quartzites à ciment, ils dérivent d'anciens grès comme je le montrerai plus loin. Ce sont des grès dont les grains de sable ont subi un accroissement secondaire qui a presque toujours profondément modifié leur forme première. C'est une auréole de quartz secondaire qui donne aux minéraux une forme irrégulière. L'auréole se reconnaît aux caractères suivants dans tous les *quartzites à ciment* du Tertiaire parisien :

1° Le contour primitif du grain de sable est souligné par une zone d'impuretés souvent très apparente;

2° Les inclusions qui pullulent dans beaucoup de grains de quartz ne pénètrent jamais dans l'auréole secondaire, qui reste de ce fait toujours très limpide;

3° L'enveloppe de quartz secondaire est quelquefois zonée;

4° Elle présente toujours un contour dentelé, frangé, qui fait constamment défaut dans les grains de sable non modifiés par accroissement secondaire.

Bref, on n'hésite jamais à dire que des grains de quartz ont subi un accroissement secondaire, que leur forme irrégulière dans les quartzites à ciment n'est pas originelle.

La distinction des quartzites à ciment ne complique nullement le diagnostic macroscopique du groupe, et après avoir fait une étude approfondie de ces roches, je ne vois aucun motif sérieux pour rejeter la nouvelle conception des quartzites que je soumets à l'agrément des géologues. Il ne peut d'ailleurs résulter aucune confusion de la modification que je propose. Le même terme qui a servi autrefois à désigner des roches d'origine « pyrogène » sert aujourd'hui à nommer des roches d'origines très diverses, caractérisées par une structure donnée. Ce changement considérable dans l'acception du mot n'a pas soulevé la plus petite difficulté pratique. Il en sera de même si l'on donne au terme « quartzite » un sens plus large que par le passé.

La définition conforme à cette compréhension nouvelle du groupe serait la suivante :

Le quartzite est une roche essentiellement composée de grains de quartz dépourvus de contours détritiques, moulés les uns sur les autres dans le quartzite typique, agglutinés par une gangue siliceuse dans le quartzite à ciment.

Classification des grès.

Tous les grès possèdent un ciment de composition très variable. La classification que j'ai adoptée est fondée sur la nature du ciment. Le terme *générique* grès est suivi d'un qualificatif qui intervient seul dans la *spécification* minéralogique.

Ex. : *Grès calcaire;*
Grès ferrugineux.

Quand le ciment comporte l'existence de deux éléments, l'un et l'autre très développés, je les mentionne successivement en tenant compte de l'ordre de fréquence.

Ex. : *Grès calcédonieux et opalifère.*

Lorsque l'abondance d'un minéral détritique nécessite une indication complémentaire, il est d'usage d'ajouter un qualificatif à celui du ciment.

Ex. : *Grès calcaire glauconieux;*
Grès ferrugineux micacé.

Il me paraît préférable de faire suivre le qualificatif réservé au ciment du nom du minéral en question, précédé de la préposition *à*, et d'écrire :

> *Grès calcaire à glauconie;*
> *Grès ferrugineux à muscovite.*

La nomenclature proposée s'inspire dans la mesure du possible de l'excellente nomenclature des roches éruptives de Fouqué et M. Michel-Lévy.

Je distingue dans la famille des grès deux groupes différents :

1° Les *grès proprement dits* ou *grès typiques*, qui répondent rigoureusement à la définition proposée. Ces grès ne renferment que des grains de quartz plus ou moins roulés;

2° Les *grès-quartzites*, qui forment un terme de passage aux quartzites. Les grains de quartz dans une proportion toujours inférieure à la moitié, et le plus souvent très faible, ont subi un accroissement secondaire. Tantôt ils s'appliquent les uns sur les autres et donnent naissance à de petites plages de quartzite typique; tantôt ils sont isolés dans un ciment. En un mot le grès prend par places les caractères, soit d'un quartzite typique, soit d'un quartzite à ciment. Beaucoup de grès du Tertiaire parisien sont des grès-quartzites.

1. Grès proprement dits. —Les grès que j'ai décrits appartiennent aux espèces suivantes :

> *Grès calcaire;*
> *Grès dolomitique;*
> *Grès ferrugineux;*
> *Grès pyriteux;*
> *Grès manganésifère et cobaltifère;*
> *Grès opalifère;*
> *Grès quartzeux.*

2. Grès-quartzites. — Ces roches à caractères mixtes, plus rapprochées des grès que des quartzites, représentent un stade de passage des grès aux quartzites. Les principaux types décrits sont les suivants :

Grès-quartzite sans ciment. C'est un spécimen très curieux dans lequel des grains de sable, juxtaposés et non reliés par une gangue, sont maintenus en place par des plages composées d'éléments pourvus d'une couronne de quartz secondaire et moulés les uns sur les autres :

> *Grès-quartzite ferrugineux;*
> *Grès-quartzite calcédonieux;*
> *Grès-quartzite opalifère et quartzeux;*
> *Grès-quartzite quartzeux, opalifère et calcédonieux;*
> *Grès-quartzite quartzeux;*
> *Grès-quartzite quartzeux et ferrugineux.*

La structure des quartzites dans ces roches qui participent à la fois de la nature des grès et des quartzites est réalisée de deux manières :

1° Une partie des minéraux s'appliquent les uns sur les autres et forment des plages de quartzite typique, isolées dans des plages de grès;

2° Des grains de sable enveloppés de quartz secondaire sont plongés dans un ciment siliceux.

DEGRÉ D'ABONDANCE DU CIMENT DES GRÈS ET GRÈS-QUARTZITES. — Le rôle du ciment varie beaucoup avec les échantillons. Son aspect change pour un type donné, suivant que les espaces qui lui sont réservés sont plus ou moins grands et qu'il les occupe complètement ou non.

En général, les minéraux détritiques sont noyés dans le ciment qui constitue une trame continue. Sauf dans les grès calcaires et dolomitiques, les interstices qui les séparent sont peu développés. Un seul échantillon est composé d'éléments juxtaposés qui ne laissent entre eux que des vides, en forme de coins, résultant de leur juxtaposition incomplète. Je ferai ressortir plus loin l'importance de ce fait que tous les échantillons étudiés, à l'exception de deux, avaient leurs minéraux séparés à l'origine.

Le plus souvent le ciment occupe la totalité des vides intergranulaires. Dans un petit nombre d'échantillons, le ciment n'oblitère qu'une partie de chaque intervalle. Ce sont des grès à ciment inachevé dans lesquels la gangue tapisse les parois des vides ou les envahit presque complètement. Il y a tous les passages entre le grès très pauvre en ciment et ceux qui possèdent une gangue susceptible de former à elle seule la moitié de la roche.

Les grains nourris qui donnent naissance aux plages de quartzite typique dans les grès-quartzite laissent souvent entre eux des petits coins vides qui

IMPRIMERIE NATIONALE.

résultent d'un arrêt de développement dans l'accroissement secondaire. Ces vides sont quelquefois remplis de quartz microcristallin.

STRUCTURE DU CIMENT. — La structure du ciment est un des facteurs qui contribuent le plus à faire varier la physionomie des grès au microscope. Les principales manières d'être du ciment dans les grès calcaires, siliceux et ferrugineux sont les suivantes :

1° *Grès calcaires.* — A. La calcite forme une auréole très mince autour de tous les minéraux et laisse d'importants vides.

B. Le ciment est un mélange de carbonate de chaux ancien très fin et impur, et de calcite pure qui en dérive par recristallisation. Un cas particulier montre un ciment calcaire composé de petits grains arrondis de calcaire ancien, isolés et enclavés dans de grands éléments de calcite secondaire.

C. La calcite grenue, pure, remplit tous les interstices.

D. Elle forme des grands éléments comme dans le grès cristallisé de Fontainebleau, tout le ciment d'une préparation appartenant à un seul et même individu.

2° *Grès siliceux.* — Si des grès calcaires on passe aux grès siliceux, on se trouve en présence de variations beaucoup plus nombreuses. La silice est susceptible d'affecter des états différents et ses diverses variétés peuvent être réunies non seulement dans le même échantillon, mais dans la même préparation. Leur association en toutes proportions introduit dans les grès de grandes différences d'aspect et de propriétés physiques.

L'*opale* du ciment est toujours indifférenciée.

La *calcédoine* est très peu répandue en fibres, pinceaux plus ou moins larges et rarement à l'état de sphérolithes complets.

Je n'ai constaté qu'une fois la présence de la *quartzine,* associée à la calcédoine.

3° *Grès ferrugineux.* — Le ciment de limonite est toujours homogène, sans trace de différenciation.

A. Il constitue une trame continue, pleine, qui sépare tous les minéraux, En un seul cas il est très développé et représente à peu près la moitié du dépôt (grès de Regniowez, près Rocroi).

B. Les éléments sont enrobés dans la limonite et séparés par des vides.

C. Les minéraux étant juxtaposés, la limonite comble les vides en forme de coins.

D. Le ciment est réduit à des coins ferrugineux, presque tous creux.

Il n'est pas utile d'insister davantage sur les variations de composition et de structure des grès; il suffit, comme on le voit, d'explorer un domaine très restreint de la série sédimentaire, pour démontrer que les grès se diversifient à l'infini, grâce à leur ciment.

Classification des quartzites.

Je distingue également deux termes dans ce groupe : les *quartzites-grès* et les *quartzites*.

1. Quartzites-grès. — Dans les nombreux termes qui s'échelonnent entre les grès et les quartzites, il en existe chez lesquels les traces de l'origine détritique ne sont pas encore complètement effacées mais qui se rapprochent beaucoup plus des quartzites que des grès. C'est à ces roches que je donne le nom de *quartzites-grès*. Les grains de quartz auréolé sont moulés les uns sur les autres ou noyés dans un ciment. Dans ce dernier cas, les éléments entourés d'une enveloppe de quartz secondaire ont des contours très irréguliers, et ils sont susceptibles de passer insensiblement sur leurs bords à la gangue siliceuse. Les quartzites-grès sans ciment sont légèrement poreux quand les minéraux auréolés laissent entre eux de petits vides.

J'ai classé les *quartzites-grès* de la manière suivante :

Quartzites-grès sans ciment dans lesquels des grains de sable sont maintenus en place par les plages de quartzite. La structure propre au quartzite est réalisée dans un spécimen par un processus entièrement nouveau ; une partie des éléments de quartz moulés les uns sur les autres sont secondaires.

 Quartzite-grès ferrugineux;
 Quartzite-grès opalifère;
 Quartzite-grès calcédonieux;
 Quartzite-grès calcédonieux et quartzeux;
 Quartzite-grès quartzo-calcaire;
 Quartzite-grès quartzeux.

2. **Quartzites proprement dits.** — Tous les grains de quartz présentent un accroissement secondaire; ils sont libres dans un ciment ou confluents; d'où la distinction de *quartzites à ciment* et de *quartzites typiques*. Les principaux termes distingués dans ce groupe sont les suivants :

A. *Quartzites typiques.* La structure qui le caractérise résulte, dans un cas, de l'association de grains clastiques auréolés et d'éléments entièrement secondaires.

B. *Quartzites à ciment.*
> *Quartzite calcédonieux;*
> *Quartzite calcédonieux et quartzeux;*
> *Quartzite quartzo-calcaire;*
> *Quartzite quartzeux.*

Il est rare que le développement de quartz secondaire dans les quartzites typiques permette à tous les éléments de se mouler les uns sur les autres, sans laisser de vides.

Beaucoup de quartzites sont légèrement poreux.

Il résulte de l'analyse micrographique des grès tertiaires du Bassin de Paris qu'un nombre considérable de spécimens doivent figurer dans le groupe des *quartzites* et non dans celui des *grès*. On peut dire que les véritables grès, — ceux qui ne montrent point de ci de là une plage de quartzite — sont très clairsemés. L'étude des grès de toutes les formations détritiques de France est appelée, si je ne me trompe, à amoindrir singulièrement le rôle des grès typiques, au bénéfice de la famille des quartzites.

Place des «silex» à Nummulites
dans la nomenclature des roches siliceuses.

Les roches décrites sous le nom de *grès à Nummulites* ou de *silex à Nummulites* se groupent en deux séries bien distinctes. Un certain nombre rentrent dans la catégorie des grès et quartzites à ciment.

Ex. : *Grès-quartzite d'Yvernaumont;*
Grès-quartzite de Béthune;
Quartzite-grès de la Chapelle d'Aneux (près Cambrai, Nord).

Les autres, analysées sous la rubrique « silex à Nummulites » (p. 48), sont très différentes des grès et quartzites. Le ciment est très prépondérant (pl. VIII, fig. 15) et forme presque à lui seul certains échantillons. Il est clair que de pareilles roches ne peuvent être confondues avec les grès ou quartzites. Leurs analogies avec les silex proprement dits ne sont pas plus marquées : il suffit d'en rappeler brièvement les traits principaux, et de les comparer aux caractères essentiels des silex pour faire ressortir la profonde dissemblance des deux types de roches.

Les « silex » à Nummulites renferment toujours des minéraux plus ou moins nourris, plongés dans une gangue de quartz microcristallin; l'opale y figure par exception; aucun vestige d'organismes siliceux, et notamment de Spongiaires, n'y a jamais été observé.

Par contre, les silex de la craie sont dépourvus de minéraux clastiques; la silice en est cryptocristalline, et la présence d'organismes siliceux est pour ainsi dire constante.

Les deux roches sont aussi distinctes au microscope qu'à l'œil nu. Elles sont l'une et l'autre le produit de la silicification d'un calcaire. Les « silex » à Nummulites résultent de l'épigénie d'un calcaire grossier par de la silice inorganique, les silex proprement dits dérivent d'une craie silicifiée par de la silice d'origine organique. Il est évident que les roches siliceuses à Nummulites du Bassin de Paris doivent être séparées définitivement des silex. Elles se rapprochent par leur composition et leur structure de certains « phtanites » et jaspes très cristallins, également issus de calcaires et qu'on pourrait, à la rigueur, considérer comme des quartzites à grain très fin; elles se tiennent également au voisinage de certains quartzites à structure porphyrique, observés dans l'île de Crète. Leur place exacte dans la nomenclature des roches siliceuses restera incertaine, tant que les phtanites, jaspes et autres roches similaires très mal connues n'auront pas été soumises à une étude approfondie.

CHAPITRE IX.

PARTICULARITÉS DE COMPOSITION DES GRÈS ET QUARTZITES.

Rôle des organismes dans la constitution des «grès».

Les grès qui font partie des gisements très fossilifères du Tertiaire parisien renferment naturellement de nombreux débris de Mollusques qu'il suffit de mentionner en passant. Ce qu'il importe de savoir, c'est la place qui est faite aux organismes dans les différents grès étudiés. Les données réunies sur ce sujet peuvent se résumer comme il suit :

1° Les roches sparnaciennes, landéniennes et stampiennes en sont complètement dépourvues. Une seule roche landénienne fait exception : c'est un grès de Beuzeville (Seine-Inférieure) qui m'a fourni un seul Foraminifère;

2° Les grès *calcaires* yprésiens, lutétiens et bartoniens renferment tous des Foraminifères à gros test. Dans les grès à ciment siliceux des mêmes formations ces organismes font souvent défaut, et quand ils existent leur test est généralement silicifié;

3° Si on laisse de côté les « tuffeaux » landéniens du Nord que j'ai rangés dans les grès opalifères et qui constituent en réalité une série à part, absente dans l'intérieur du Bassin de Paris, les organismes siliceux ne comptent pas un seul représentant. On peut même affirmer qu'ils n'existaient pas avant la consolidation de la roche.

En moyenne, le rôle des microorganismes dans la constitution des « grès » du Tertiaire parisien est pour ainsi dire négligeable.

Corps oolithiques des grès bartoniens.

Beaucoup de grès bartoniens sont caractérisés par des corps oolithiques de la dimension des oolithes ordinaires. Dans la majorité des cas, ces éléments ne rappellent les oolithes que par leur forme, et l'on serait obligé de les ranger dans les *pseudoolithes* si la structure des *oolithes vraies* n'était parfois visible.

Quelle que soit leur structure, ces corps correspondent toujours à des masses calcaires ovoïdes ou sphériques.

1° Le corps oolithique est formé de calcaire gris, très fin, d'apparence dépolie, sans trace de différenciation;

2° Il se décompose en deux parties : un noyau central de couleur plus claire, entouré d'une zone corticale composée de calcaire très fin, comme le noyau;

3° La périphérie des corps oolithiques présente une structure radiée assez nette; le centre forme nucleus;

4° La structure concentrique est rare, mais bien marquée dans quelques individus;

5° L'existence d'une zone corticale à la fois concentrique et radiée est tout à fait exceptionnelle.

Le noyau des corps oolithiques est presque toujours calcaire; chez un très petit nombre d'individus, ce sont des grains de quartz et plus rarement des Foraminifères qui jouent le rôle de nucleus. Tous les types d'oolithes observés dans les « grès » de Beauchamp ont pris naissance au moment de la sédimentation; ils ont été transportés par les eaux et parfois fragmentés.

Quand le ciment calcaire des roches à oolithes a subi une silicification partielle, le phénomène s'étend aux corps oolithiques; ils sont plus ou moins transformés en quartz microcristallin qui en respecte toujours la forme. Il n'est pas rare que les petites particules de quartz secondaire s'ordonnent de façon à souligner la structure concentrique, tout en la rendant plus grossière (pl. V, fig. 10).

Particularités de composition relatives à chaque assise.

THANÉTIEN. — Les grès thanétiens sont très glauconieux, riches en minéraux lourds et pourvus ou non d'organismes siliceux. Le ciment est toujours de l'opale dans le petit nombre de spécimens mentionnés.

SPARNACIEN. — Les grès sparnaciens, à l'exception de la variété pyriteuse de Vaugirard, renferment de nombreux fragments de silex et des feldspaths détritiques très fréquents. Les minéraux lourds et les microorganismes en sont exclus. La coexistence des débris de silex et des grains de feldspath est un excellent caractère spécifique de ces grès.

LANDÉNIEN. — Les grès landéniens sont dépourvus d'organismes comme les précédents, mais les feldspaths et débris de silex qui figurent avec une constance remarquable dans les grès sparnaciens manquent dans la majorité des échantillons landéniens; par contre les minéraux lourds sont représentés dans chaque préparation.

YPRÉSIEN. — Les grès yprésiens se distinguent au point de vue minéralogique par la présence constante des feldspaths détritiques susceptibles de figurer en grand nombre dans certains échantillons. La glauconie existe toujours, mais en proportion très variable. Ils appartiennent à deux types très différents que rien ne rapproche, hormis les feldspaths : les uns sont des grès à ciment de carbonates, tantôt calcaires, tantôt dolomitiques et tous très glauconieux ; les autres sont des quartzites à grands éléments et riches en menus débris de silex.

LUTÉTIEN. — Si on laisse de côté les roches à ciment siliceux prépondérant qui s'éloignent à la fois des grès et des silex, les « grès » lutétiens se répartissent en deux groupes :

1° Les « grès » en place dont les caractères distinctifs sont la diffusion de la glauconie, parfois abondante, dans tous les échantillons, la présence de minéraux lourds assez fréquents, de Foraminifères à gros test et d'un ciment toujours calcaire très développé;

2° Les « grès » remaniés, pourvus d'une composition minéralogique analogue, mais dont le ciment calcaire a été déplacé par la silice.

BARTONIEN. — Les grès bartoniens sont en majorité siliceux. Leur composition se signale par les traits suivants : un certain nombre renferment des corps oolithiques — on n'en trouve aucune trace dans les autres étages; — les minéraux lourds font complètement défaut ou sont très rares; les feldspaths sont d'une grande rareté ou absents; les débris de silex manquent presque toujours; la présence de la glauconie est exceptionnelle; par contre l'existence de débris organiques est presque constante.

STAMPIEN. — Le seul caractère propre aux grès de Fontainebleau est la fréquence des agrégats de quartz; les feldspaths, la glauconie, les débris de silex, etc., sont les uns absents, les autres très rares.

CHAPITRE X.

ÉTUDE DE DIFFÉRENTES PROPRIÉTÉS PHYSIQUES
DES GRÈS ET QUARTZITES.

J'étudierai successivement dans ce chapitre la *cassure,* la *coloration* et la *porosité* des grès et quartzites.

1. CASSURE DES GRÈS ET QUARTZITES.

Les différents types de cassure.

La cassure des roches peut être envisagée à différents points de vue. C'est généralement une donnée très vague et, partant, souvent inutile dans le diagnostic des roches sédimentaires.

On définit aujourd'hui une cassure sans faire intervenir la composition du dépôt; et l'on dit qu'un calcaire, une marne, un grès ont une cassure *grenue.* Le même qualificatif, appliqué à des dépôts de composition et de structure très différentes, n'évoque aucune notion précise dans l'esprit. Telle cassure, grenue pour un observateur, ne l'est pas pour un autre. Il en sera ainsi tant que la cassure ne sera pas définie pour *chaque groupe de roches,* tant qu'elle ne sera pas considérée *en fonction de la composition des roches.*

Je vais montrer qu'il est possible de donner à la définition de la cassure des « grès » une rigueur telle qu'elle est susceptible de fournir un caractère de premier ordre. La classification des cassures que je propose pour les grès a pour point de départ *l'action du plan de rupture sur les grains de quartz.* La façon dont se compose le plan sécant par rapport aux grains de quartz permet de distinguer cinq types de cassure; l'étude des quatre premiers fera l'objet d'un paragraphe spécial :

1° La cassure est *grenue* quand le plan de séparation contourne les grains sans les trancher (fig. 16).

Dans certains grès ferrugineux dont la cimentation est très imparfaite, on peut s'assurer, à la loupe, que le plan de rupture est très irrégulier. Les

IMPRIMERIE NATIONALE.

saillies correspondent à des grains entiers, les petites dépressions aux vides laissés par des éléments détachés. Les grès à cassure grenue se signalent par un état d'agrégation faible; le choc du marteau les désagrège et met toujours des grains en liberté. Tous les grès ferrugineux formés de minéraux enrobés dans la limonite sont dans ce cas. L'aspect de la cassure dépend de la grosseur des grains, d'où le nom de cassure grenue que je propose pour la désigner;

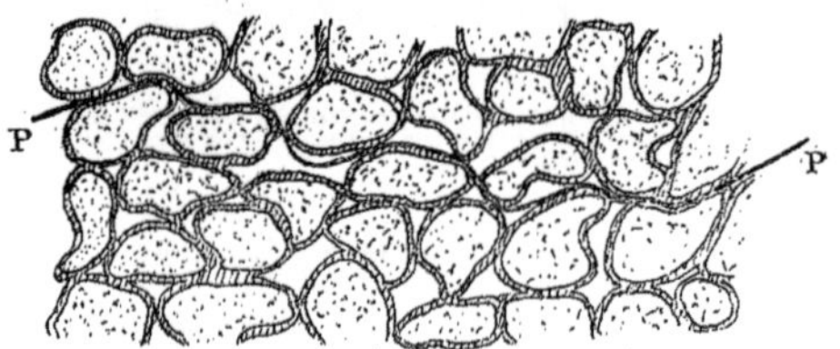

Fig. 16. — Grès ferrugineux à ciment incomplet. Type de cassure grenue.
P. P. plan de rupture. Les grains de quartz sont pointillés : les vides sont représentés en blanc.

2° Si le plan de rupture respecte une partie des grains et sectionne les autres, la cassure est *semi-grenue* (fig. 17).

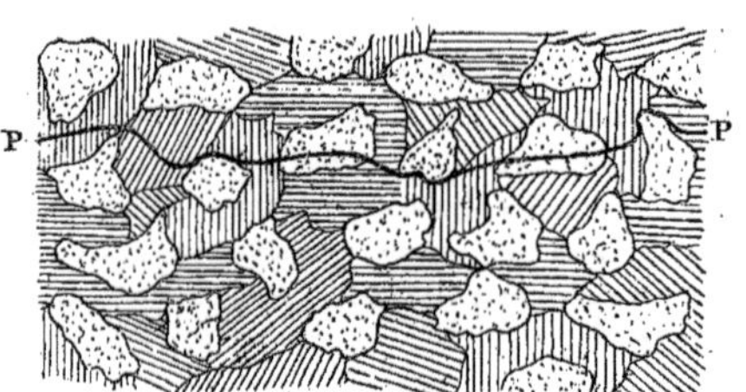

Fig. 17. — Grès calcaire. Type de cassure semi-grenue.
P. P. plan de rupture. Les grains de quartz sont pointillés. Les éléments de calcite du ciment sont striés.

L'examen à la loupe montre côte à côte des sections d'éléments, d'aspect gras et vitreux, et des individus entiers à surface dépolie et terne. Considérée en grand, la cassure semi-grenue est beaucoup moins irrégulière que la première, mais elle n'est jamais plane. Quant à la force d'agrégation des éléments, elle est bien supérieure à celle des grès à cassure grenue;

3° La cassure est *tranchante* lorsque le plan de rupture coupe tous les minéraux (fig. 18) :

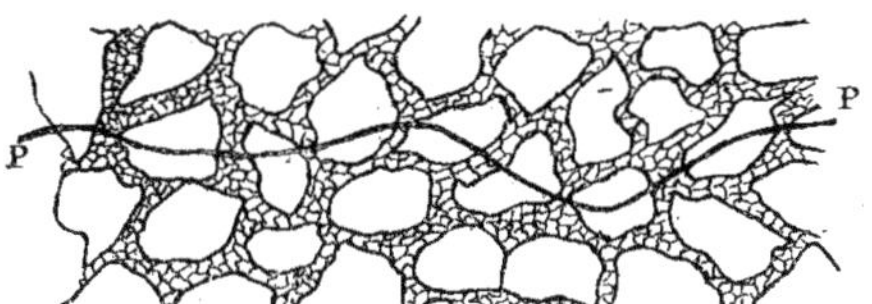

Fig. 18. — Grès à ciment de quartz microcristallin. Type de cassure tranchante.
P. P. plan de rupture.

4° Dans les « grès » formés de grains de sable moulés les uns sur les autres, la cassure est toujours tranchante, mais elle est de plus nettement *écailleuse*.

Un choc violent est nécessaire pour casser la roche. Ce choc détermine un mouvement vibratoire très énergique qui donne naissance à une infinité de petits éclats susceptibles de mesurer plusieurs millimètres. Les éclats ne sont pas entièrement séparés de la roche ; ils lui restent attachés par une extrémité.

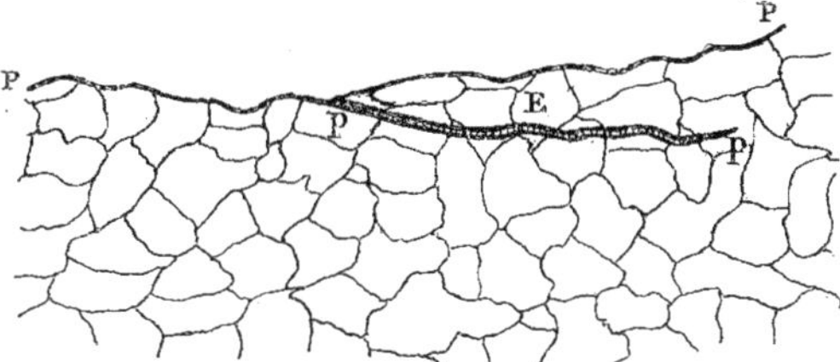

Fig. 19. — Quartzite typique. Cassure écailleuse.
P. P. plan de rupture principal. — p. p. plan sécant limitant l'écaille E en profondeur et lame d'air interposée.

Au moment où les écailles se détachent sous l'influence du choc, elles vibrent autour de leur point d'attache jouant le rôle de charnière, et se soulèvent momentanément. Ce mouvement permet à l'air de s'introduire entre les éclats et la roche. L'air, ainsi interposé entre les écailles et la roche, souligne les écailles, leur donne toujours une couleur claire et un aspect plus ou moins saccharoïde. Tels sont les caractères de la cassure écailleuse (fig. 19 et pl. X, fig. 22).

Interprétation de la cassure lustrée.

Certains grès tertiaires du Bassin de Paris offrent un éclat particulier, distingué depuis longtemps sous le nom d'*éclat lustré*. L'explication de l'apparence lustrée n'a jamais été donnée; elle n'est pas liée comme je l'ai supposé autrefois à l'existence d'un ciment de calcédoine. En réalité, elle est indépendante, dans une certaine mesure, de la nature du ciment. Elle est en rapport avec un cinquième type de cassure que j'appellerai *cassure lustrée*.

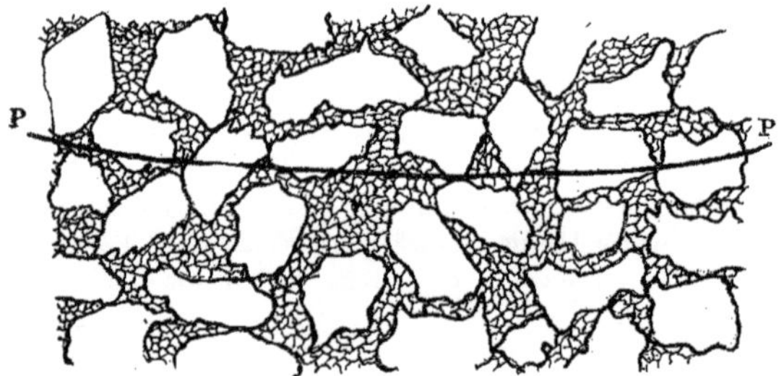

Fig. 20. — Quartzite à ciment. Type de cassure lustrée.

P. P. plan de rupture.

Deux conditions sont nécessaires pour que la cassure d'un « grès » soit lustrée :

1° *Existence d'un ciment siliceux, peu développé;* la cassure cesse d'être lustrée lorsque la gangue est abondante;

2° *Accroissement secondaire des grains de quartz donnant naissance à des auréoles très irrégulières, dentelées et nettement délimitées, ou déterminant la fusion du bord des grains de quartz avec le ciment* (pl. VII, fig. 13, b, c et pl. IX, fig. 20, a, b).

Ces deux conditions sont réalisées dans les quartzites et les quartzites-grès, pauvres en ciment.

Dans les roches ainsi constituées, il existe une force d'adhérence exceptionnelle entre les minéraux et le ciment. *L'ensemble du dépôt se comporte comme un seul élément de quartz, que la cassure tranche suivant une surface très régulière, plane en grand.*

D'où une incidence donnée fait miroiter *tous* les grains de quartz en même temps. Ces minéraux étant toujours petits et presque contigus, l'œil est impuissant à les isoler sur le plan de rupture; *ils donnent l'impression d'une surface continue et uniformément luisante.*

Dans un grès lustré, la cassure lustrée disparaît dès que le ciment se développe notablement, ou lorsque le nombre de grains de quartz dépourvus d'accroissement secondaire se multiplie d'une façon sensible. On peut alors s'assurer à la loupe que les sections des grains de quartz réfléchissent la lumière en tous sens.

Au fond l'éclat lustré est lié à l'existence d'un ciment siliceux et à une structure donnée, ou si l'on veut à un mode particulier d'association des grains de quartz et du ciment siliceux.

La cassure des «grès» est fonction de leur composition et de leur structure.

Les caractères sur lesquels j'ai fondé la distinction des différents types de cassure sont la conséquence directe de la composition et de la structure des grès. La cassure *lustrée* et la cassure *écailleuse* prennent naissance dans des conditions étroitement définies; l'une et l'autre sont tellement caractéristiques de certaines structures données qu'on peut toujours affirmer que ces structures existent quand on reconnaît les cassures qui leur correspondent. Ainsi, une cassure écailleuse révèle l'existence de grains moulés les uns sur les autres, c'est-à-dire d'une association propre au quartzite typique.

Une cassure lustrée est toujours l'indice de grains de quartz capricieusement découpés à la surface, par suite d'un accroissement secondaire très irrégulier, et d'une soudure intime des minéraux au ciment.

Les autres types de cassure s'expliquent aisément d'après la composition et la structure des grès, mais ils ne sont pas liés à l'existence d'un ciment déterminé.

Dans les grès ferrugineux, par exemple, la cassure est *grenue, semi-grenue* ou *tranchante.*

Elle est *grenue,* quand le ciment ferrugineux est réduit à une gaine qui enveloppe tous les minéraux et laisse de grands intervalles vides entre les grains.

Elle est *semi-grenue*, lorsque, dans le même échantillon, le ciment de limonite comble tous les vides de certaines plages et encroûte les minéraux d'autres plages. Les parties pleines ont une cassure *tranchante;* celles qui sont criblées de vides présentent une cassure *grenue.* L'ensemble offre la cassure du type *semi-grenu.*

Enfin elle est *tranchante,* quand le ciment forme une trame pleine, sans trace de vides.

Le groupe des grès calcaires fournit également les trois séries de cassures observées dans les grès ferrugineux.

La cassure est *grenue* dans le « grès cristallisé » de Fontainebleau, où l'on voit tous les grains de sable parfaitement intacts sur les grandes surfaces miroitantes correspondant aux clivages de la calcite. Ce type de cassure est ici en rapport avec une cristallisation exceptionnellement large du ciment et l'existence de clivages, c'est-à-dire de plans de moindre résistance suivant lesquels la roche se divise de préférence.

On retrouve encore la même cassure dans les grès dont les éléments sont entourés d'une auréole de calcite finement grenue, et séparée par de nombreux vides. Dans l'espèce, le ciment calcaire joue le même rôle que celui du grès ferrugineux à cassure grenue.

La cassure est *semi-grenue* dans des grès dont le ciment est composé de calcite renfermant à l'état d'inclusions de petits noyaux de calcaire ancien. La calcite n'est pas clivée. Tantôt elle est assez largement cristallisée pour que le même élément englobe un ou plusieurs minéraux; tantôt et le plus souvent le ciment est beaucoup plus grenu, et les grains de calcite sont trop petits pour qu'un seul élément enclave un ou plusieurs minéraux.

La cassure est *tranchante* dans un grès dont le ciment se décompose en grains de calcite non clivée, et d'assez grande taille pour que plusieurs éléments de quartz soient enfermés dans un seul individu de calcite.

Il résulte des données précédentes que la même cassure, et notamment la cassure grenue, peut s'observer dans des grès calcaires de structure différente. L'étude d'un grand nombre de spécimens imposerait sans doute la même notion pour les cassures semi-grenues et tranchantes. Quant aux cassures écailleuses et lustrées elles resteront étroitement liées à une structure et à une composition invariables.

La conclusion qui découle de ces considérations c'est que la cassure des grès est nettement fonction de leur composition et de leur structure. *Les cas-*

sures grenues, semi-grenues et tranchantes sont exclusivement conditionnées par la structure. Le facteur composition intervient toujours avec la structure, dans la production des cassures écailleuses et lustrées.

La cassure des grès fournit une mesure de leur ténacité.

Je rappelle que la classification des cassures que j'ai proposé d'appliquer au grès est fondée sur l'action du plan de rupture sur les grains de quartz. Cette classification présente l'avantage de constituer une échelle des ténacités de ces roches.

La cassure grenue caractérise les grès dont la force d'agrégation des éléments est minimum. Les cassures semi-grenues et tranchantes sont relatives à des états d'agrégation de plus en plus solides. Le maximum d'adhérence des éléments correspond à la cassure lustrée.

Les détails dans lesquels je suis entré en étudiant la cassure considérée dans ses rapports avec la structure des « grès » me dispensent de consacrer de longs développements à ce sujet. Les grès et quartzites fournissent de nombreux matériaux d'empierrement. Il me paraît acquis que l'examen attentif de leur cassure permet de prévoir la résistance qu'ils opposeront à la rupture ou à l'écrasement par le choc.

2. COLORATION DES GRÈS ET QUARTZITES.

Influence de la structure des grès sur leur coloration.

Dans tous les grès lustrés soumis à l'analyse micrographique, il existe une différence de coloration, toujours sensible et souvent très prononcée, entre les parties douées d'un éclat lustré et celles qui en sont dépourvues. Le « grès » lustré de Mortefontaine, par exemple, offre une couleur noirâtre (p. 56) dans toute la masse lustrée et une couleur gris pâle sur le bord non lustré. Or on peut s'assurer au microscope que les deux parties de couleur très différente ont rigoureusement la même composition minérale, que les matériaux détritiques et le ciment figurent de part et d'autre avec le même degré de fréquence. Seule la structure de la roche varie. Partout où la coloration est foncée la majorité des grains de quartz présentent l'accroissement très irrégulier que j'ai analysé plus haut; partout où la roche est très claire, les grains

de sable non auréolés l'emportent sur les minéraux développés par accroissement secondaire. Au fond *la couleur se modifie quand la cassure change*.
La teinte noirâtre est liée à une cassure plane très régulière et, en dernière
analyse, à la structure particulière de la roche dont la cassure lustrée est la
conséquence directe.

Un second exemple met en évidence d'une autre manière l'influence de
la structure sur la couleur des « grès ». Étant donnés un quartzite à ciment
de quartz très fin et un quartzite typique — tous deux d'égale pureté et de
composition minérale identique — la coloration des deux roches est toujours
différente. Le ciment de la première est constitué par une fine mosaïque de
quartz très pur que l'œil est impuissant à résoudre en ses éléments constituants.
La gangue d'apparence homogène est teintée en gris mat, bien que ses éléments, considérés isolément, soient tout à fait incolores. L'œil attribue cette
teinte à l'ensemble de la roche et tous les quartzites de cette catégorie sont
gris. Quant au quartzite du second type, il ne possède jamais cette même couleur grise, et il est toujours moins coloré que la variété pourvue d'un ciment.
Ce n'est plus dans l'espèce la cassure qui est en jeu, mais le ciment. Il y a
lieu de souligner cette particularité que, dans le cas envisagé à dessein, le
ciment exclusivement composé de très petits grains de quartz très pur ne
peut intervenir pour modifier la couleur de la roche que par la finesse de ses
éléments.

Ce problème de l'influence de la structure des « grès » sur leur coloration
mérite d'être traité d'une manière approfondie; je me borne à le soulever en
passant avec l'espoir que l'étude en sera reprise à brève échéance.

3. POROSITÉ DES GRÈS ET QUARTZITES.

La porosité des grès et quartzites, et ses causes multiples.

Tous les grès et quartzites du Tertiaire parisien sont plus ou moins poreux.
Les grès lustrés seuls font exception à la règle.

La porosité des grès et quartzites est tantôt *originelle*, tantôt acquise et *secondaire*.

Elle est probablement originelle dans certains grès à ciment calcaire dont
les vides ne semblent pas dus à un phénomène de dissolution partielle du
ciment. Il se peut qu'elle soit également originelle dans les « grès » à minéraux

contigus et qu'elle résulte de la juxtaposition incomplète des éléments constituants. Les vides seraient l'équivalent des vides des sables actuels. Les roches de ce type sont des exceptions, par rapport à la masse totale des « grès » du Tertiaire parisien. Il convient d'ajouter que la contiguité des éléments n'implique nullement l'absence d'un ciment primordial. L'existence de la porosité originelle n'est rigoureusement démontrée pour aucun des échantillons analysés.

La porosité est certainement secondaire dans la grande majorité des roches considérées. Elle résulte de la dissolution tardive des vestiges du ciment originel qui séparent des minéraux, pourvus ou non d'un accroissement secondaire (voir décalcification des quartzites).

Les grès stampiens, poreux et perméables, désignés par les ouvriers carriers sous le nom de *grès imparfaits,* se rangent, à mon avis, dans la catégorie des roches dont la perméabilité est acquise. Tous ceux que j'ai étudiés sont caractérisés par la non-juxtaposition de leurs éléments; ils procèdent donc d'anciens dépôts à ciment primordial calcaire. M. L. Janet en a signalé qui sont composés par des grains de quartz juxtaposés [1] et dont les vides pourraient être originels à la rigueur.

La porosité de quelques spécimens est due en partie à la destruction d'organismes calcaires dont la place est marquée par de petites cavités.

Les grès lustrés sont dépourvus de vides et imperméables. Ce sont les roches les plus riches en silice secondaire de toute la série étudiée. Leur imperméabilité est liée à une évolution plus complexe que celle des grès et quartzites typiques.

Les quartzites typiques du Tertiaire parisien, c'est-à-dire les quartzites composés de grains moulés les uns sur les autres et dépourvus de ciment, se distinguent des quartzites anciens par la présence constante de vides.

[1] L. JANET, *op. cit.,* p. CLXII.

IMPRIMERIE NATIONALE.

CHAPITRE XI.

DIAGNOSTIC MACROSCOPIQUE DES GRÈS ET QUARTZITES.

Il est moins superflu qu'il ne semble, au premier abord, d'énumérer les caractères auxquels on peut faire appel pour reconnaître rapidement et sûrement les grès et les quartzites. Ces roches, en apparence si simples, n'ont jamais été déterminées avec rigueur. J'en donnerai comme preuve le fait que de nombreux quartzites des environs de Paris ont été confondus avec des grès.

Il ne peut être question de caractériser, à l'œil nu, les nombreux termes distingués au microscope. Le but assigné à nos efforts est la distinction des grès et des quartzites.

1. DIAGNOSTIC DES QUARTZITES.

Les quartzites tels que je les comprends ont un ciment ou non. La notion de quartzite à ciment, qui m'a paru s'imposer, à la suite d'une longue étude des « grès », introduit dans la détermination de ces roches une difficulté plus apparente que réelle.

A. *La roche est un quartzite typique,* c'est-à-dire qu'elle est formée de grains de quartz moulés les uns sur les autres. Les échantillons qui répondent à cette structure ont une cassure très écailleuse. Cette cassure ne fait défaut que dans un seul spécimen, très différent de tous les autres par sa nature grossière. On peut dire que le quartzite typique est caractérisé par une cassure pourvue d'écailles nombreuses. Si la roche est constituée par de volumineux grains de quartz la cassure écailleuse ne se produit pas, mais il est facile de s'assurer à l'œil nu ou à la loupe que les minéraux sont dépourvus de contours clastiques et qu'ils sont moulés les uns sur les autres. Le diagnostic des quartzites de cette première catégorie peut se faire avec la plus grande précision.

La cassure écailleuse est un signe tellement distinctif de la structure du quartzite typique qu'on la voit apparaître dans les quartzites-grès et dans les grès-quartzites partout où il y a des plages de grains moulés les uns sur les autres. Les écailles sont alors clairsemées ou rares, suivant le degré d'abondance des îlots de quartzite.

B. *La roche est un quartzite à ciment.* — Deux cas peuvent se présenter :

a. Le ciment ne joue qu'un faible rôle et l'échantillon est essentiellement formé d'éléments moulés les uns sur les autres et de plages à ciment très accessoire. La cassure reste écailleuse et rien ne trahit à l'œil nu l'existence d'un ciment rudimentaire.

b. Le ciment isole tous les minéraux et il est bien visible à la loupe. Si la cassure est lustrée, la roche est un quartzite; si elle est simplement tranchante, elle rentre dans les grès.

Le diagnostic du quartzite à ciment est impossible à l'œil nu et à la loupe, quand les grains de quartz pourvus d'un accroissement secondaire sont plongés dans un ciment très abondant. J'ai noté plus haut la disparition de la cassure lustrée dans les roches de ce type. Aucun signe extérieur ne peut alors révéler le nourrissage du quartz. Cette difficulté ne se présente dans le Bassin de Paris que pour des roches tout à fait aberrantes, dont il n'y a pas lieu de tenir compte. Ce sont des « grès » lutétiens à Nummulites pourvus d'un ciment calcaire très abondant, qui ont été silicifiés et démantelés. Aucun quartzite à ciment, en place, ne rentre dans ce groupe.

En résumé, *la très grande majorité des quartzites du Tertiaire parisien sont caractérisés par une cassure écailleuse; un petit nombre possèdent une cassure lustrée.*

2. DIAGNOSTIC DES GRÈS.

Les caractères positifs qui permettent de reconnaître les quartzites font toujours défaut dans le grès proprement dit. La roche possède un ciment plus ou moins visible à la loupe; la cassure est grenue, semi-grenue ou tranchante; elle n'est jamais très écailleuse ou lustrée. Quelques écailles apparaissent dans le grès-quartzite; on reconnaît aisément à leur peu de fréquence qu'on est en présence d'un grès à noyaux de quartzite.

CHAPITRE XII.

ORIGINE DES GRÈS ET QUARTZITES DU TERTIAIRE PARISIEN.

J'étudierai dans ce chapitre :

1° Les minéraux des grès et quartzites;

2° Le ciment et ses transformations;

3° Différentes particularités de l'évolution des grès et quartzites;

4° La distinction de deux périodes de formation des quartzites;

5° Les facteurs qui déterminent les manières d'être de la silice secondaire des grès et quartzites.

1. LES MINÉRAUX DES GRÈS ET QUARTZITES.

Origine première des matériaux détritiques.

L'origine des minéraux qui constituent les grès tertiaires du Bassin de Paris a appelé mon attention dès 1891 [1]. J'ai reconnu dans les sables glauconieux landéniens qui ont donné naissance aux grès désignés sous le nom de tuffeau les espèces suivantes classées par ordre de fréquence :

Quartz;	*Mica;*
Zircon;	*Anatase;*
Rutile;	*Brookite;*
Tourmaline;	*Grenat;*
Orthose;	*Corindon;*
Feldspath plagioclase;	*Staurotide,*
Magnétite;	*Et deux minéraux indéterminés.*
Disthène;	

Soit un total de *seize* espèces minérales, non compris les éléments secondaires tels que *glauconie* et *limonite.*

[1] L. CAYEUX, Composition minéralogique des sables glauconieux landéniens du Nord de la France (*Ann. Soc. géol. Nord*, t. XIX, p. 265).

La proportion des minéraux denses est exceptionnellement élevée. L'emploi des liqueurs lourdes m'a permis de formuler cette conclusion que

Chaque mètre cube de sables glauconieux des environs de Lille renferme jusqu'à 18 kilogrammes de minéraux de densité supérieure à 3.

L'abondance du disthène, la présence du grenat, de la staurotide, etc., m'ont permis d'affirmer en 1891 que « les roches de la série cristallophyllienne, micaschistes, etc., ont été la source première d'une partie des composants de nos sables éocènes inférieurs ».

L'étude des grès de Fontainebleau, faite par M. Termier en 1895, aboutit à une conclusion analogue. Les grains de quartz de ces grès sont riches en inclusions cristallines, très pauvres en inclusions liquides et gazeuses ; ils semblent provenir, selon M. Termier, de la destruction de micaschistes plutôt que de la corrosion de roches granitiques.

J'ai relevé, dans le présent travail, un certain nombre de faits qui désignent les schistes cristallins comme une source importante de minéraux pour les grès du Tertiaire parisien ; telle est la présence de grains de quartz bourrés d'inclusions d'aiguilles de *rutile*, de petites baguettes de *tourmaline,* de petits cristaux ou grains de *zircon*, et d'aiguilles de *sillimanite*, etc. Les terrains cristallophylliens ont certainement fourni la majeure partie des minéraux de nos « grès » tertiaires.

Les nombreux grains de quartz remplis d'inclusions liquides avec ou sans bulle de gaz qu'on rencontre dans quelques grès dérivent des *roches éruptives.*

Les grains composés ou agrégats de quartz qui figurent dans beaucoup de grès et dont l'existence est presque constante dans les grès stampiens ont été empruntés à des *quartzites.* Ces roches ont fourni des matériaux aux sables de tous les étages ; les sables de Fontainebleau, puis les sables landéniens, en contiennent parfois de nombreux fragments. Il est probable que le Cambrien de l'Ardenne en est la principale source.

Les *silex de la craie* interviennent également dans la composition des sables et grès ; ils sont fréquents dans le Sparnacien, rares en moyenne dans le Landénien et disparaissent complètement dans le Stampien.

Accroissement secondaire des grains de quartz.
Ses différentes manières d'être.

(Fig. 21.)

Le développement du quartz secondaire autour des minéraux affecte de nombreuses manières d'être qu'il est intéressant de grouper :

1. L'auréole secondaire, d'épaisseur très irrégulière, respecte la forme initiale des grains. Les minéraux ont gardé leur apparence clastique, en dépit de leur accroissement secondaire;

2. La couronne de quartz récent, d'épaisseur inégale, donne aux grains une forme nouvelle à contours réguliers;

3. Le quartz qui a subi un accroissement secondaire possède des contours très irréguliers, accidentés de dentelures et de franges très nombreuses;

4. L'auréole secondaire, de forme quelconque, est plus importante à elle seule que le noyau central;

5. Dans tous les exemples précédents, le minéral est nettement séparé du ciment. On rencontre fréquemment des grains à bordure indécise, nuageuse qui passent au ciment pour ainsi dire insensiblement; il semble qu'il y ait eu cristallisation simultanée du quartz de l'auréole secondaire et de la silice du ciment. Cette catégorie de grains ne se rencontre que dans les plages de quartzite à ciment (pl. IX, fig. 20, a, b);

6. Le développement de quartz secondaire permet aux éléments de se mouler les uns sur les autres (pl. VI, fig. 11 et 12). Une condition est nécessaire pour que le nourrissage des quartz aboutisse à la genèse du quartzite typique : il faut que l'écartement des grains de sable soit faible;

7. L'accroissement secondaire complète les grains de quartz et leur assure une forme cristalline — quand la place réservée au quartz secondaire est suffisante (pl. II, fig. 3);

8. Le développement de la silice secondaire est tardif et l'accroissement du minéral se fait en deux temps. Il s'encroûte d'abord de limonite et se nourrit ensuite de quartz (pl. VI, fig. 11);

9. La couronne secondaire est presque toujours homogène. Il est exceptionnel qu'elle offre une structure zonaire caractérisée par un grand nombre de zones d'accroissement;

10. Dans tous les cas précédents, le quartz secondaire est rigoureusement orienté comme le quartz ancien. Le contraire s'observe dans une seule roche (quartzite-grès de la Chapelle d'Aneux, près Cambrai, Nord);

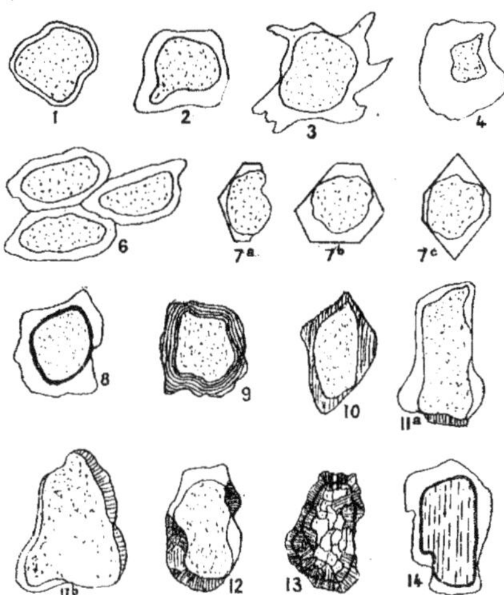

Fig. 21.

1. Grain de quartz entouré d'une auréole qui conserve la forme initiale du minéral. — 2. Auréole d'épaisseur irrégulière donnant au minéral une forme nouvelle. — 3. Type d'auréole très irrégulière à contours dentelés. — 4. Enveloppe de quartz secondaire plus importante que le noyau ancien. — 6. Grains de sable séparés à l'origine et dont les auréoles secondaires sont moulées les unes sur les autres. — 7. Grains de quartz servant de noyaux à des cristaux plus ou moins complets. — 8. Élément entouré d'une couronne ferrugineuse et d'une auréole de quartz. — 9. Auréole secondaire se décomposant en zones d'accroissement très nombreuses. — 10. Grain de quartz entouré d'une auréole non orientée comme le quartz ancien. — 11. Auréole dont une partie n'est pas orientée comme le noyau ancien. — 12. Type d'auréole composée, dont une partie des éléments ne sont pas orientés comme le quartz ancien. — 13. Accroissement secondaire autour d'un agrégat. Les éléments de l'agrégat et de l'auréole qui ont même orientation sont réunis par des hachures de même direction. Le trait plein marque le contour primitif de l'agrégat. — 14. Orthose entourée d'une liséré d'oxyde de fer et d'une auréole de quartz.

Nota. — Le quartz ancien est ponctué; les auréoles secondaires sont figurées en blanc. Les hachures des numéros 10, 11 et 12 représentent les parties des auréoles non orientées comme le quartz ancien.

11. Le liséré de quartz secondaire, qui paraît simple en lumière blanche, se décompose en lumière polarisée en plusieurs segments d'orientation différente dont un seul est orienté comme le noyau de quartz ancien. Il arrive même que

l'extinction de tous les segments soit absolument indépendante de celle du grain de sable qu'ils circonscrivent;

12. L'auréole qui présente une individualité très nette en lumière blanche est formée, pour une partie, de petits grains de quartz juxtaposés comme ceux du ciment. Le reste de la couronne est orienté comme le grain central.

Ces deux dernières manières d'être ne sont réalisées que dans un seul échantillon (quartzite-grès de la Chapelle d'Aneux, près Cambrai, Nord);

13. L'accroissement secondaire est susceptible de se produire autour d'agrégats de petits grains de quartz. La couronne n'est pas douée d'une seule orientation optique, mais présente en chaque point l'orientation du grain de l'agrégat avec lequel elle est en contact (quartzite de Saint-Denis d'Authon, Eure-et-Loir);

14. J'ai constaté l'existence d'un liséré de quartz secondaire autour des feldspaths orthose d'un « grès ». Le quartz s'éteint en même temps que l'orthose qu'il enveloppe et présente avec elle l'éclairement maximum, d'où l'orientation optique de la silice doit varier aux différents points de la couronne (quartzite de Saint-Denis d'Authon, Eure-et-Loir);

15. Il est de règle que l'enveloppe de quartz secondaire présente le phénomène de l'extinction roulante, quand le grain de sable possède une extinction onduleuse;

16. J'ai signalé la présence, dans deux spécimens de « grès », de grains de quartz entièrement secondaires, de la dimension des individus clastiques auréolés et qui s'associent avec eux pour former des plages de quartzite. L'une de ces roches montre que chaque quartz secondaire correspond à l'un des vides qui séparaient les grains de sable (quartzite-grès de Proix, Aisne, p. 15 et quartzite de Beuzeville, Seine-Inférieure, p. 27).

2. LE CIMENT ET SES TRANSFORMATIONS.

Notion d'un ciment primordial. Son importance.

Les grès formés de grains de sable non contigus et les quartzites composés d'éléments non juxtaposés, avant leur accroissement secondaire, possédaient nécessairement un ciment à l'origine pour maintenir les minéraux en place. L'existence d'un *ciment primordial* s'impose pour toutes les roches étudiées, sauf peut-être pour deux.

Il en résulte que les grès et quartzites du Tertiaire parisien dérivent d'un sable dont les éléments étaient noyés dans une gangue dont la composition reste à fixer. Ces éléments sont agglutinés aujourd'hui par des ciments de composition très variée, presque toujours différents du ciment primitif.

Si l'on tient compte de la nature des sédiments marins actuels et de l'histoire des dépôts anciens, on arrive à cette conclusion que seuls les ciments calcaires correspondent au ciment originel plus ou moins modifié. Tous les autres sont secondaires.

Dans un sable actuel, les grains ne peuvent être *séparés* que par du calcaire d'origine organique, par de l'argile, par de la silice organique ou par un mélange des trois éléments. Le *fer hydroxydé*, la *pyrite*, la *silice inorganique* et l'*oxyde de manganèse* qui forment le ciment de la plupart des grès se sont introduits dans les sables pendant la période de consolidation, ou pendant l'une des phases de leur consolidation. Ces substances ne peuvent constituer un ciment primordial; elles ont pris la place de la matière qui maintenait les grains séparés à l'origine. *Les ciments siliceux, ferrugineux et manganésifères sont secondaires.* Les nombreux faits d'observation réunis dans ce travail permettent de conclure qu'ils se sont substitués à un ciment calcaire, que *le ciment primordial était calcaire dans toutes les roches étudiées.*

La substitution du carbonate de chaux à l'argile ne peut se concevoir; on peut affirmer que les organismes siliceux tels que Radiolaires, spicules d'Éponges n'ont jamais existé dans les roches en question. Si les Diatomées avaient figuré dans le ciment primitif, on en retrouverait des traces dans les ciments d'opale. On arrive ainsi, par une élimination justifiée par tout ce que l'on sait sur les dépôts sédimentaires, à attribuer une composition exclusivement calcaire au ciment originel.

Tous les grès à ciment calcaire que j'ai décrits, et dont plusieurs ont été figurés (pl. III, fig. 5, 6, pl. IV, fig. 7, 8), sont des grès à ciment primordial presque toujours modifié. Le carbonate de chaux de ces roches n'est jamais le produit d'infiltrations de la surface. Le grès cristallisé de Fontainebleau ne paraît pas faire exception à la règle générale.

La considération du ciment primordial nous conduit à cette conclusion que les « grès » du Tertiaire parisien ont, pour la plupart, une histoire complexe. Tous ont un point de départ commun. En dépit de cette origine commune, ils offrent aujourd'hui une très grande variété de composition et de structure. Je ne connais pas d'exemple qui établisse plus clairement que l'histoire d'un

IMPRIMERIE NATIONALE.

sédiment, si simple qu'il soit, ne finit pas avec son dépôt; qu'il est le siège, après son dépôt, d'actions physico-chimiques susceptibles d'en modifier profondément la composition, la structure et la physionomie. La formation de la roche sédimentaire la moins complexe de toutes est en vérité une œuvre de longue haleine.

**Prédestination de certains sables à former des grès
et des quartzites.**

La comparaison des grès et quartzites, et des sables auxquels ils sont toujours associés, révèle un fait qui m'a vivement frappé. Les grès et quartzites procèdent de sables calcaires, c'est-à-dire de sables qui renferment des débris calcaires en telle quantité que les grains de quartz n'étaient pas juxtaposés. Or les sables auxquels ces roches sont subordonnées ne montrent jamais les grains séparés par du calcaire. Il n'y a que deux interprétations possibles de cette singularité :

1° Les sables transformés en grès étaient les seuls sables calcaires;

2° Tous les sables étaient plus ou moins calcaires; quelques-uns ont été consolidés en grès; les autres, c'est-à-dire la très grande majorité, ont été décalcifiés.

Si les sables dans lesquels les grès sont intercalés avaient subi une *décalcification en masse*, le mode de gisement des grès en serait affecté; les bancs seraient disloqués et réduits en blocs gisant pêle-mêle dans le sable. J'estime que les conditions de gisement des grès en place sont en contradiction avec l'hypothèse d'une décalcification générale, faisant disparaître, non quelques débris calcaires, mais une masse de carbonate de chaux assez importante pour isoler tous les minéraux. Toutes les probabilités sont en faveur de la première interprétation : *Les sables transformés en grés étaient les seuls sables calcaires.* L'aptitude d'un sable à se transformer en grès et en quartzite serait en rapport étroit avec sa composition initiale. Autrement dit, il y aurait prédestination de certains sables à former des grès et des quartzites. Je ne suis pas en mesure d'affirmer que cette règle est absolue ou non. Elle se dégage clairement de l'étude des grès du Tertiaire parisien; je la formule pour ces roches, à l'exclusion de toutes celles que je n'ai pas étudiées [1].

---

[1] Cette notion étendue aux grès stampiens de la région de Fontainebleau n'explique nullement leur singulière distribution en bandes parallèles. En toute hypothèse, l'existence de ces bandes reste une énigme à déchiffrer.

Ces faits conduisent à supposer que le carbonate de chaux ne joue pas un rôle passif dans la genèse des grès à ciment siliceux et des quartzites. Si la silice qui a été introduite en grande quantité dans le sable pour le consolider était simplement déposée par une solution, la présence pour ainsi dire constante d'un ciment calcaire ne s'expliquerait pas; de plus, la solution abandonnerait la silice de préférence dans les sables à grains contigus séparés par des vides. Or les grès à minéraux juxtaposés sont tout à fait l'exception; et il convient d'ajouter que la juxtaposition actuelle de leurs éléments n'est pas une preuve de l'absence d'un ciment calcaire originel. J'en conclus que le carbonate de chaux a joué un rôle dans la précipitation et la fixation de la silice secondaire des grès et quartzites.

Déplacement du calcaire par la silice. Sources de la silice.

J'ai donné maintes preuves de la silicification du calcaire des sables qui ont donné naissance aux grès et quartzites. Les « grès » lutétiens et bartoniens, en particulier, en fournissent de nombreux témoignages. Les ciments calcaréo-siliceux, les Foraminifères et débris de test de Mollusques, partiellement ou complètement transformés en silice, les oolithes bartoniennes quartzifiées nous mettent en présence d'un fait indiscutable. C'est dans le groupe des « grès » et « silex » à Nummulites que le phénomène de silicification revêt le plus d'ampleur. De véritables calcaires très pauvres en matériaux détritiques n'ont gardé aucun vestige de leur carbonate de chaux. La substitution de la silice au calcaire est le fait dominant de l'histoire des grès et quartzites du Tertiaire parisien.

D'où vient cette silice? Les organismes siliceux manquent aussi bien dans les sables que dans les « grès ». L'Éocène et l'Oligocène marins du centre du Bassin de Paris ont été, semble-t-il, très pauvres en organismes siliceux, et les phénomènes de silicification doivent s'expliquer sans leur intervention, ou en leur attribuant un rôle tout à fait secondaire. La source principale — sinon la source unique — de la silice doit être le sable lui-même. On sait que les grains de quartz des sables sont toujours un peu corrodés, et que les eaux météoriques qui les traversent se chargent d'une faible quantité de silice. *C'est la circulation des eaux transportant de la silice minérale, empruntée aux sables, qui est l'agent principal, et peut-être unique, de la transformation des sables calcaires en grès et quartzites.*

15.

Il est impossible d'assigner une date même approximative à la silicification
des sables calcaires. Il se peut qu'elle ait commencé avant l'émersion des terrains; il est probable qu'elle est due, en partie, au régime continental qui a
affecté le Bassin de Paris durant tout le Néogène. Je n'ai pu recueillir sur ce
sujet aucune donnée décisive.

Les grès considérés comme des concrétions siliceuses.

Le cas du grès de Fontainebleau mérite d'être traité à part et soulève plusieurs difficultés d'interprétation. L'une des coupes qui m'ont été communi-
quées par M. L. Janet montre un banc de grès de 3 m. 23 couronné par
o m. 35 de sable. D'où vient la silice qui a agglutiné le sable pour engendrer
le banc de grès? Quand on voit, dans un autre exemple, un banc de grès
de 1 m. 10 séparé de l'assise des meulières par 2 m. o5 de sables, il n'est pas
invraisemblable que les sables supérieurs aient fourni toute la silice secondaire
du grès, mais dans la première coupe envisagée, les 35 centimètres de sables
constituent une source de silice évidemment insuffisante. On peut, il est vrai,
supposer que les assises supérieures, aujourd'hui incomplètes, ont été mises
à contribution, et qu'elles ont cédé de la silice aux sables. Or ces sables sup-
portent des argiles vertes, des sables argileux, et enfin des meulières (fig. 22).
Il y a là un milieu imperméable qui, dans son état actuel, ne peut se prêter
à une circulation d'eaux siliceuses *per descensum*.

Dans toutes les questions de cet ordre, il est de mode aujourd'hui d'expliquer les phénomènes de substitution et de dépôt par la descente des eaux
météoriques. On peut concevoir, pour les grès en particulier, un autre processus d'introduction de la silice dans les bancs de grès. Les sables de Fontainebleau, avant d'être profondément entamés par les agents d'érosion, pouvaient
renfermer une nappe d'infiltration beaucoup plus importante que de nos jours
et susceptible de s'élever jusqu'au sommet de l'assise. La transformation en grès
se serait produite sous l'empire de cette nappe. Toute la masse sableuse
qu'elle baignait a subi un commencement de dissolution, ainsi qu'en témoigne
la surface corrodée des grains. C'est la silice ainsi libérée, et abandonnée aux
eaux de la nappe, qui a donné naissance aux grès.

Cette silice s'est substituée au calcaire du ciment; la provision en était
indéfiniment renouvelée par diffusion partout où elle se fixait; il y avait ainsi
un véritable afflux de silice de tous les points de la masse des sables vers les

centres de production de grès — fussent-ils placés au sommet de la formation. Les sables inférieurs aux grès, comme les supérieurs, auraient donc pris part à la genèse de ces roches. Les bancs de grès dont il est question sont, à mon avis, d'énormes concrétions. On s'explique, dès lors, pourquoi ils peuvent être mamelonnés sur toutes leurs faces. Leur accroissement ne s'est pas produit de haut en bas, mais dans toutes les directions à la fois. Les masses de grès mamelonnés, formées dans des sables saturés d'eau, se sont développées comme un corps qui cristallise dans une solution et qui s'accroît en tous sens aux dépens de la solution.

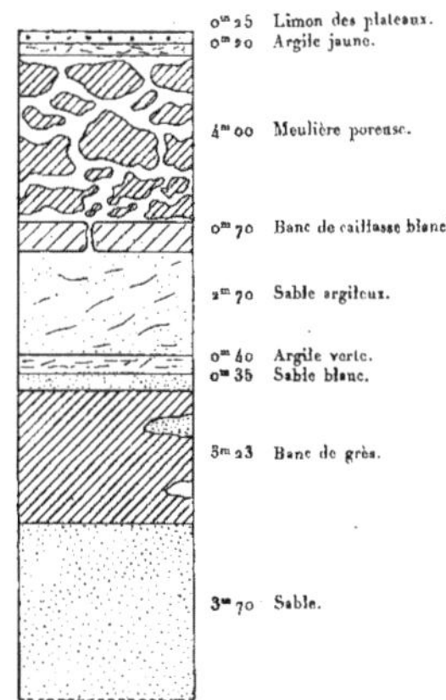

Fig. 22.

Cette notion doit s'étendre également aux grès bartoniens, landéniens, etc. Il y a, notamment dans les sables de Beauchamp, des blocs de forme botryoïdale des plus remarquables qui occupent le sommet de l'assise. (Ex. sablière de la butte Saint-Christophe à Fleurines, p. 51, fig. 9). La silice de leur ciment n'a pu être empruntée aux calcaires et marnes de Saint-Ouen qui les surmontent.

La conception de la formation des grès que je viens de développer laisse subsister la difficulté de la localisation singulière des bancs de grès à la partie supérieure de l'assise de Fontainebleau. Suivant M. Douvillé, les sables offraient, à l'origine, une surface ondulée avec des ondulations à peu près parallèles et alignées E.-O. Or « les grès se sont formés exclusivement sur les parties saillantes de la surface supérieure des sables » et les dépressions sont restées sableuses. La genèse exclusive des grès sur les lignes culminantes de l'assise reste une énigme indéchiffrable.

3. PARTICULARITÉS DE L'ÉVOLUTION DES GRÈS ET QUARTZITES DU TERTIAIRE PARISIEN.

Nous avons vu que l'histoire de la plupart des grès et quartzites du Tertiaire parisien se résume en une silicification d'un sable primitivement calcarifère. Cette histoire se complique dans un nombre variable de grès, où elle comporte notamment :

Un phénomène de corrosion des grains de quartz;

La fusion des bords des galets de silex avec le ciment des « grès »;

Et un phénomène de décalcification des quartzites.

Corrosion du quartz clastique.

(Planche IX, fig. 17 et 18.)

La forme très irrégulière des grains de quartz s'explique presque toujours, ainsi que je l'ai démontré, par un accroissement secondaire très inégal. Elle se réclame d'une autre cause dans plusieurs grès landéniens et lutétiens. J'ai noté l'existence de grains profondément échancrés, dans lesquels le ciment pénètre sous forme de golfes susceptibles d'atteindre le centre des éléments les plus volumineux. On observe des grains qui présentent des étranglements tels que la moindre agitation des eaux aurait dû les morceler si les découpures étaient originelles. L'étude d'un grès landénien fournit d'ailleurs un témoignage absolument décisif en faveur d'une corrosion *in situ*. De gros éléments se décomposent en plusieurs petits grains à contours irréguliers, complètement isolés dans le ciment, et tous pourvus de la même orientation optique. Ces exemples prouvent que le phénomène de corrosion a parfois déterminé la fragmentation des éléments. Il est acquis que l'*histoire de quelques « grès » comporte une phase de dissolution des grains de quartz clastique.*

Ce phénomène est d'autant plus inattendu qu'il s'observe exclusivement dans des roches caractérisées par de la silice secondaire exceptionnellement abondante qui a déterminé un accroissement irrégulier des grains de quartz et la silicification d'un ciment calcaire. En résumé, le même échantillon de grès a été le siège de deux phénomènes diamétralement opposés :

. 1° Dissolution partielle de grains de quartz clastiques;
2° Précipitation de silice introduite dans le sable par des eaux météoriques.

Je n'ai relevé aucun indice qui permette de dater la corrosion des grains de sable par rapport à la silicification de l'ensemble du dépôt.

Modifications subies par les silex inclus dans les grès.

J'ai montré que les galets de silex et de phtanites incorporés dans les grès y déterminent d'importantes modifications à leur contact, et qu'ils se transforment sous l'influence des grès (p. 27, 32 et pl. X, fig. 21). On voit, par exemple, la limite des silex s'effacer complètement et le ciment passer au silex par degrés insensibles; ailleurs, c'est la composition du silex qui se modifie au contact du grès. Les changements de composition et de structure subis par les galets siliceux ne peuvent s'expliquer que par la dissolution et la reprécipitation sur place d'une partie de la silice des silex et phtanites. Le phénomène se produit en certains points seulement de la périphérie des galets et à une petite échelle; la remise en mouvement d'une certaine quantité de silice n'en est pas moins évidente. Cette transformation superficielle des galets date de la formation du ciment actuel.

Développement du ciment aux dépens du quartz clastique.

Dans les rares échantillons où j'ai noté la présence du quartz rongé, la gangue pénètre dans toutes les découpures des minéraux. La corrosion s'étant toujours opérée *in situ*, on est amené à supposer, comme je l'ai fait remarquer pour la roche de Marlemont (p. 25), que le ciment s'est développé aux dépens des matériaux clastiques. Il n'est jamais possible d'établir dans quelle mesure il a empiété sur les minéraux. Il est de règle que le ciment qui remplit les anfractuosités des minéraux rongés ne diffère, du reste, de la gangue ni par sa composition, ni par sa structure. Dans le quartzite de Marlemont, en particulier, le phénomène aurait déterminé un accroissement de ciment très notable.

Décalcification des quartzites.

J'ai mentionné la présence, dans de nombreux quartzites, de très petits vides, tantôt clairsemés, tantôt relativement fréquents. Or ces quartzites procèdent d'anciens sables, pourvus d'un ciment calcaire originel assez abondant pour isoler les grains. Le nourrissage des éléments de quartz qui a transformé les sables en quartzites poreux s'est arrêté trop tôt pour que les minéraux puissent se mouler les uns sur les autres, sans laisser de vides. Quand les grains de quartz ont été frappés d'arrêt de développement, les parties non envahies par la silice étaient calcaires et les petits coins qui séparent aujourd'hui les minéraux représentaient des vestiges du ciment de carbonate de chaux.

Les quartzites poreux sont des *quartzites inachevés*, restés légèrement calcaires grâce à une silicification imparfaite, et soumis à une décalcification tardive.

En essayant d'établir que les sables destinés à former des grès et quartzites étaient marqués, dès le principe, par une composition spéciale, j'ai rejeté l'hypothèse d'une décalcification en masse des sables auxquels les grès sont subordonnés. La dissolution des témoins du ciment calcaire primordial étant forcément postérieure à la genèse de ces roches, si le même phénomène s'était étendu aux sables — supposés très calcaires à l'origine, — je répète que le mode de gisement des « grès » et des terrains qui les surmontent en serait profondément affecté. La décalcification des « grès », opérée à une échelle extrêmement réduite, n'enlève rien à la force de cet argument.

Les sables calcarifères transformés en quartzites poreux ont été dépouillés de leur carbonate de chaux en deux temps :

Le premier temps se confond avec la silicification presque totale du calcaire qui intervient activement dans la métamorphose (p. 115);

Le second temps correspond à la dissolution des petits îlots calcaires épargnés par la silicification.

4. DISTINCTION DE DEUX PÉRIODES DE FORMATION DES QUARTZITES.

Tous les quartzites du Tertiaire parisien résultent, en dernière analyse, de la transformation de sables soumis à l'action d'eaux chargées de silice. Cette transformation s'est toujours effectuée dans les conditions ordinaires de température et de pression.

Dans un premier groupe, elle correspond à la phase de consolidation des sables; dans un second groupe, elle est en partie, ou en totalité, postérieure à la période de consolidation. *Les quartzites de la première catégorie dérivent d'un sable; ceux de la seconde procèdent d'un grès.*

A. Quartzites dérivant d'un sable.

L'histoire de la grande majorité des quartzites — envisagée dans ses grands traits — est des plus simples. Elle est fort analogue à celle des grès qui les accompagnent, et auxquels ils passent par une foule d'intermédiaires :

Une solution siliceuse circulant dans les sables — émergés ou non — a engendré ici un ciment siliceux, là des auréoles de quartz secondaire permettant aux grains de quartz de s'appliquer les uns sur les autres. Les quartzites se sont formés d'emblée, comme les grès, et leur genèse se confond avec la consolidation même des dépôts arénacés.

B. Transformation des grès en quartzites, par «métamorphisme atmosphérique».

La métamorphose qui se produit dans la seconde catégorie est beaucoup plus complexe; les circonstances qui l'ont déterminée sont loin d'être parfaitement connues.

L'exemple du grès de Marlemont (p. 21) est celui qui met le mieux en lumière la genèse des quartzites aux dépens des grès sous l'influence des agents atmosphériques. M. Ch. Barrois[1] a clairement établi que la roche a été consolidée à l'état de grès, qu'elle s'est transformée plus tard en quartzite et que la transformation est d'autant plus profonde que les blocs ont été plus longtemps exposés à l'action de l'atmosphère. L'évolution complète du dépôt comporte donc trois phases :

1° Il est à l'état de *sables* à l'origine;

2° Les sables se transforment partiellement en *grès* dans les conditions indiquées plus haut;

3° Les grès extraits du sable par les agents d'érosion, et exposés à l'air plus ou moins longtemps, donnent naissance à des *quartzites*.

[1] Ch. Barrois, *op. cit.*, p. 370 et suivantes.

Le *grès bisette*, formé par des blocs noyés dans le limon quaternaire, se présente également comme le terme ultime d'une évolution analogue dans ses grands traits. D'après les renseignements qui m'ont été communiqués par M. Gosselet, le grès normal a été modifié lorsqu'il était encore en place, non recouvert de sable et exposé à l'air. Le phénomène s'est passé à la fin de l'époque tertiaire et au début du Quaternaire. Après sa métamorphose en quartzite (grès bisette), il a été démantelé et fragmenté.

Si des grès landéniens non remaniés n'ont pas subi la même transformation, c'est parce qu'ils ont été protégés contre l'action directe de l'atmosphère par des sables ou autres sédiments, jusqu'à l'époque de leur démantellement [1].

D'autres quartzites, également pourvus d'un ciment, rappellent les précédents à beaucoup d'égards. Ce sont des *grès lustrés* landéniens, bartoniens et stampiens qui apparaissent comme des *accidents lithologiques* dans les grès restés en place, au sein de la masse sableuse qui leur a donné naissance. J'incline à leur attribuer la même origine, mais sans apporter aucun fait décisif à l'appui de mon opinion. La métamorphose du grès en quartzite (grès lustré) se produirait sous l'influence des eaux d'infiltration, à l'intérieur du sol [2].

Si cette conjecture est fondée, tous les quartzites à ciment caractérisés par des grains de quartz pourvus d'un accroissement secondaire très irrégulier, ou corrodés, constitueraient un seul et même groupe de roches; les uns dériveraient des grès sous la double influence de l'atmosphère et des eaux météoriques, les autres sous l'influence exclusive des eaux d'infiltration [3].

---

[1] L'étude de quelques *grès ladères*, et notamment d'un échantillon qui m'a été remis par M. G. Dollfus, me fait supposer qu'ils ont subi l'influence de l'atmosphère au même titre que le « grès » de Marlemont et que les grès bisettes.

[2] J'ai observé tout récemment de gros blocs de grès remarquablement lustré, au sommet de la carrière de sables bartoniens de la butte Saint-Christophe à Fleurines. Ils sont en place, surmontés par o m. 10 de sables et par toute la masse des calcaires et marnes de Saint-Ouen. Ces grès lustrés ont pris naissance, non à la surface du sol, mais au sein de la masse sableuse. (*Note ajoutée pendant l'impression.*)

[3] Lassone, dont j'ai déjà rappelé plusieurs observations intéressantes, faites en 1774, sur le grès de Fontainebleau, a mis en évidence le rôle de l'atmosphère, mais sans le soupçonner :

« Sur les parois extérieures et découvertes de plusieurs blocs les plus compacts, et presque toujours sur les surfaces de ceux dont on a enlevé de grandes et larges pièces en les exploitant, j'ai observé un enduit vitreux très dur; c'est une lame de deux ou trois lignes d'épaisseur, comme une espèce de couverte naturellement appliquée, intimement inhérente, faisant corps avec le reste de la masse et formée par une matière atténuée et subtile qui, en se condensant, a pris

5. FACTEURS QUI DÉTERMINENT LES MANIÈRES D'ÊTRE DE LA SILICE SECONDAIRE DES GRÈS ET QUARTZITES.

A côté des grès caractérisés par un ciment homogène et constitués par une seule substance, il en existe dont le ciment se réduit en un mélange de quartz, de calcédoine et d'opale, et d'autres qui montrent dans l'étendue d'une section mince des plages juxtaposées ou enchevêtrées, possédant chacune un ciment différent.

Dans une même préparation, la silice enveloppe les grains de sable d'une auréole de quartz secondaire, forme des mosaïques de quartz microcristallin dans certains vides, comble les autres par de l'opale ou de la calcédoine. Ces différentes manières d'être correspondent-elles à des étapes différentes et successives dans le dépôt du minéral, ou sont-elles engendrées simultanément? Quand on voit des grains de quartz, entourés d'une auréole secondaire, noyés dans un ciment de quartz finement grenu, on est tenté d'expliquer de la façon suivante cette dualité de caractères du quartz secondaire : La solution siliceuse, qui a nourri les grains et donné un ciment à la roche, a d'abord alimenté les grains de quartz, puis sa composition ayant changé, elle a abandonné dans une seconde période le quartz microcristallin qui forme le ciment. *Les changements d'état de la silice seraient la conséquence de variations de composition de la solution siliceuse.*

C'est l'explication qui a été adoptée par M. Termier dans son étude du grès de Fontainebleau. Pour que les grains d'un sable se développent au point de se mouler les uns sur les autres « il faut, suivant toute vraisemblance, que

le caractère pierreux le plus décidé, une consistance semblable à celle du silex, et presque à celle de l'agate; cet enduit vitreux n'est pas bien longtemps à se démontrer sur les endroits qu'il revêt. . Je l'ai vu établi au bout d'un an sur les surfaces de certains blocs entamés *l'année précédente;* on découvre et on distingue les nuances et la progression de cette nouvelle formation; et, ce qui est bien remarquable, cette substance vitrée ne paraît et ne se trouve que sur les faces entamées des blocs, encore engagés par leur base dans la minière sableuse qui doit être regardée comme leur matrice et le vrai lieu de leur génération; elle n'existe et ne se forme point sur les fragments isolés et entièrement séparés des blocs dont ils faisaient partie. »

Ce phénomène est, pour de Lassone, le résultat d'un « suintement qui est sensible et que l'on remarque » et il le fait rentrer dans une sorte de « végétation pierreuse ». Il considère l'humidité des grès « qui s'y est insinuée uniformément par toutes les porosités » « comme le véhicule subtil du gluten lapidifique, ou comme ce gluten lui-même capable de transsuder » (p. 216-217).

16.

la composition des eaux qui circulent soit assez constante. Un changement important de composition peut amener la production momentanée de calcédoine ou le comblement brutal des interstices par du quartz confus[1] ».

J'avoue qu'il ne m'est jamais venu à l'esprit d'autre opinion avant d'entreprendre l'étude systématique des grès tertiaires. J'ai toujours considéré les différents types de silice développés côte à côte, ou confusément associés, comme des produits d'une consolidation en plusieurs temps, réglée par des variations de composition de la solution siliceuse. Je me suis proposé d'introduire des faits d'observation dans la question, mais très peu d'échantillons permettent d'aborder le problème dans des conditions satisfaisantes.

Il résulte d'une série d'observations dont je vais rappeler les plus importantes, que *la silice qui se dépose au même moment en différents points de la roche peut réaliser toutes les manières d'être signalées : auréoles de quartz, quartz grenu, calcédoine et opale, et que les variations d'état de la silice peuvent être tout à fait indépendantes de changements de composition de la solution siliceuse.*

1° Le cas le plus simple est relatif à une roche dont les grains de quartz sont pourvus d'une large auréole secondaire et qui possède un ciment de quartz microcristallin (quartzite-grès de la chapelle d'Aneux, près Cambrai, Nord). Tout le quartz secondaire de la roche, celui des auréoles comme celui du ciment, présente une structure zonaire très remarquable, caractérisée par de nombreuses lignes d'accroissement. On peut suivre ainsi pas à pas le développement du quartz secondaire. La considération des zones d'accroissement prouve que les éléments du ciment se sont développés en même temps que les grains de sable. Quand le vide laissé par des individus juxtaposés est très petit, l'accroissement exogène des minéraux suffit pour le combler; lorsqu'il est important, on voit apparaître un ou plusieurs centres de cristallisation à l'intérieur des intervalles; les zones successives qui les enveloppent finissent par se rencontrer et se fondre avec celles qui appartiennent à tous les quartz qui circonscrivent le vide. Toutes les zones d'accroissement, qu'elles fassent partie de l'auréole des grains de sable ou du quartz grenu du ciment, sont le produit d'une seule et même période de cristallisation, et non d'une cristallisation en deux temps. Il est clair qu'on ne peut invoquer des variations de composition de la solution siliceuse pour expliquer la formation simultanée des deux types de quartz.

[1] P. Termier, *op. cit.*, p. 344-348.

2° Un second exemple est fourni par plusieurs « grès » renfermant soit des galets de silex, soit des galets de phtanite. J'ai montré que la présence de ces galets a exercé une grande influence sur la cristallisation de la silice.

Rappelons en quelques mots les modalités de la silice dans ces grès. On trouve, par exemple, un ciment d'opale indifférenciée au contact du silex. Par places, le ciment d'opale se charge de quartz grenu et passe à un ciment de quartz microcristallin. L'accroissement secondaire des grains de sable est exceptionnel dans les deux cas.

Un troisième type montre les grains de sable entourés d'une auréole et séparés par de petits vides partiellement remplis par du quartz grenu.

Une dernière manière d'être est réalisée par un quartzite typique.

Toutes ces variations de structure et de composition et le passage d'un type à l'autre par degrés s'observent sur un espace de 1 centimètre carré. Dès qu'on s'éloigne un peu du silex, la roche est un quartzite à caractères fixes.

Ces modifications se retrouvent invariablement autour des silex et des phtanites, et elles n'existent qu'autour de ces corps étrangers; elles se font à coup sûr sous l'empire des galets de phtanite et de silex.

Faut-il admettre que la solution siliceuse garde une composition constante partout où la roche est à l'état de quartzite typique, et que cette composition est sujette à de nombreuses variations dans la zone influencée par les silex et les phtanites? Cette hypothèse est inacceptable. Il convient de ne pas perdre de vue que les compositions et structures différentes, toujours localisées dans la région influencée par les galets, passent insensiblement de l'une à l'autre. La seule explication compatible avec le passage graduel d'un ciment à un autre, c'est que les variations de composition et de structure ne sont pas liées à des changements de composition de la solution siliceuse. Les différentes manières d'être de la silice réalisées sur un espace extrêmement restreint n'indiquent pas une série de phases de dépôt. Un ciment donné n'est pas le produit d'une composition spéciale de la solution.

La même solution a produit au même moment tous les types de silice. Cette conclusion s'était dégagée pour ainsi dire d'elle-même de l'analyse du premier cas envisagé.

Il reste à chercher sous quelle influence la solution a mis en liberté des silices très différentes en des points très rapprochés.

État de la question de l'origine des grès
du Tertiaire parisien.

Les faits signalés dans le cours de ce travail ont profondément modifié le problème de l'origine des grès du Tertiaire parisien. Telle qu'elle se posait, sous l'influence des anciennes idées, cette question pouvait être formulée de la manière suivante :

Étant donné un sable, traversé par des eaux chargées de silice, quelles sont les conditions qui règlent la précipitation de la silice dans les vides qui séparent les minéraux, pour donner naissance à un grès?

J'ai montré que tous les « grès » étudiés dérivent de sables calcarifères — àl'exception peut-être de deux spécimens — et que la silice secondaire qui en a fait des dépôts très variés a pris la place du calcaire. Entre les grès à ciment calcaire intact et les grès à ciment siliceux et quartzites, il existe de nombreux termes de transition qui mettent admirablement en lumière le phénomène d'épigénie. D'où le problème de l'origine des « grès » du Tertiaire parisien prend cette forme nouvelle :

Étant donné un sable dont les éléments minéraux sont plongés dans une gangue calcaire, à quelles conditions doit satisfaire une solution siliceuse qui traverse la masse sableuse, pour que la silice déplace le carbonate de chaux?

Dans la première conception de la question, il y a simplement *précipitation* de silice dans des vides préexistants; dans la seconde, il y a *substitution* de la silice à du calcaire, cette dernière substance intervenant sans doute dans l'élimination de la silice de la solution.

Non seulement le sujet est entièrement renouvelé, mais il rentre dans un problème beaucoup plus vaste, d'une importance capitale pour les formations sédimentaires et qui attend toujours une solution : *La genèse des « grès » n'est plus qu'un cas particulier du phénomène de la silicification des calcaires.* La formation des « grès », comme celle des silex, des phtanites, des jaspes, de la meulière, etc., nous met en présence d'une seule et même question : *Précipitation de la silice d'une solution sous l'influence du carbonate de chaux.*

En ce qui concerne les grès du Tertiaire du Bassin de Paris, nous avons vu que la majorité des échantillons ne comportent qu'une seule variété de silice secondaire, et qu'un nombre plus restreint montrent côte à côte tous les types de silice, constituant des plages distinctes ou intimement mélangées en toutes proportions. Il y a donc deux questions bien distinctes à résoudre : la première visant le cas général, la seconde des cas particuliers :

1° Dans quelles conditions se précipite la silice d'une solution, sous l'influence du carbonate de chaux ?

2° Comment la même solution siliceuse peut-elle donner tous les types de silice, au même moment, en différents points du dépôt ou dans la même plage ?

Après avoir posé ces problèmes, j'ai le vif regret de ne pouvoir en donner la solution. Ils soulèvent la question de l'origine du quartz par voie aqueuse et, dans ce domaine, minéralogistes et chimistes ont tout à apprendre. Les innombrables transformations subies par les roches sédimentaires, sous l'influence de la silice organique et minérale, resteront des mystères pour le géologue, jusqu'au jour où le quartz aura été reproduit artificiellement par voie aqueuse.

CHAPITRE XIII.

PLURALITÉ DES ORIGINES DU TYPE QUARTZITE.

On donne le nom de quartzite à une roche caractérisée par une certaine structure et non par une origine définie. Au microscope; cette structure se traduit, pour le quartzite typique, par une mosaïque de grains de quartz d'orientation quelconque, moulés les uns sur les autres, intimement soudés entre eux sans le secours d'un ciment.

Il est intéressant de sortir du domaine étroit dans lequel nous sommes restés confinés jusqu'à présent, pour signaler les différentes origines du type quartzite. La structure du quartzite typique est susceptible de prendre naissance dans les conditions les plus variées, et aux dépens de sédiments primitivement très dissemblables.

Au point de vue de l'origine, je répartirai les quartzites typiques en deux groupes principaux. Le premier comprend tous ceux qui se forment dans les conditions ordinaires de température et de pression; le second, les quartzites d'origine métamorphique. L'un et l'autre jouent un grand rôle dans la constitution de l'écorce terrestre. Je vais passer en revue les différentes catégories de quartzites en indiquant brièvement leur origine.

1. QUARTZITES FORMÉS DANS LES CONDITIONS ORDINAIRES DE TEMPÉRATURE ET DE PRESSION.

(Fig. 23.)

Je range dans cette première série des roches d'origine variée :

A. Quartzites dérivant directement d'un sable;

B. Quartzites dérivant des grès;

C. Quartzites épigéniques;

D. Quartzites résultant de la transformation d'un dépôt siliceux d'origine organique.

A. Quartzites dérivant directement d'un sable.

Quand une solution siliceuse pénètre dans un sable, la silice peut se précipiter de différentes manières. Dans le cas qui nous intéresse, elle se dépose à l'état de quartz autour des grains clastiques en épousant leur orientation optique. Ces grains s'accroissent ainsi aux dépens de la solution et finissent par se mouler les uns sur les autres. Quant au contour primitif des minéraux qui trahissait leur origine clastique, il est ou non souligné par une zone d'impuretés. Cette transformation du sable, en une roche solidement agrégée et cristalline, peut se faire sous l'action longtemps répétée d'eaux faiblement siliceuses. Les quartzites de cette catégorie abondent dans les formations sédimentaires.

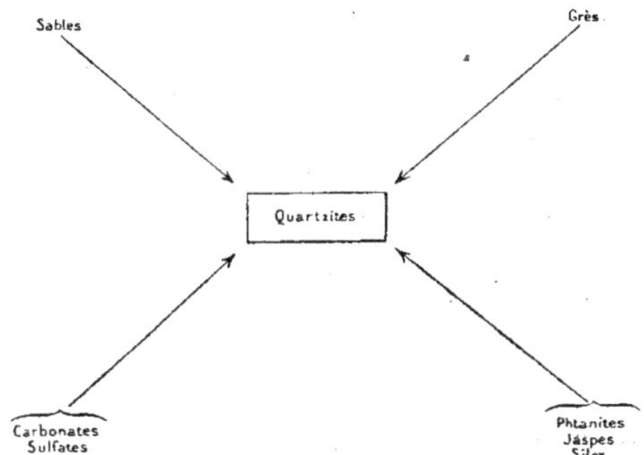

Fig. 23. — Pluralité des origines des quartzites formés dans les conditions ordinaires de température et de pression.

Je rattache à ce groupe un quartzite d'origine mixte dont je ne connais encore que deux exemplaires (p. 15 et 27). C'est une roche essentiellement formée de grains de sable auréolés, auxquels s'ajoutent des individus entièrement secondaires qui ont pris naissance dans l'ancien ciment calcaire et se sont développés au point d'atteindre le volume des éléments clastiques, pourvus d'un accroissement secondaire. Le tout forme une masse homogène de minéraux, moulés les uns sur les autres.

B. Quartzites dérivant des grès.

A côté des quartzites qui procèdent directement des sables, il en existe un certain nombre dont la consolidation comporte deux phases : les sables engendrent d'abord des grès, puis les grès sont transformés en quartzites. Dans plusieurs cas, longuement analysés dans ce mémoire, le passage du grès au quartzite se fait sous l'influence de l'atmosphère. Ce phénomène rentre dans ceux qui ont été groupés par M. Gosselet sous le nom de *métamorphisme atmosphérique* [1].

C. Quartzites épigéniques.

La structure caractéristique des quartzites se retrouve dans des roches qui résultent de la substitution partielle ou totale de la silice à des carbonates et sulfates. En réalité, l'épigénie totale est rare et peu de quartzites rentrent dans cette catégorie. Il est très fréquent d'observer des plages de quartzites d'importance variable dans des *calcaires* et *dolomies;* elles sont exceptionnelles, à ma connaissance, dans le *fer carbonaté.* Il en existe dans les « silex » du gypse parisien comme produit de substitution du quartz au *sulfate de chaux.* J'ai observé plusieurs fois l'épigénie complète aux dépens du carbonate de chaux et du sulfate de chaux; les « silex » du Purbeckien du Jura sont des quartzites qui occupent la place de dépôts de gypse.

Le quartz des quartzites épigéniques peut être entièrement ou partiellement secondaire; il comprend parfois des éléments détritiques qui ont subi un nourrissage. Les quartzites du type mixte, signalés dans la première catégorie, établissent le passage des quartzites issus d'un sable aux quartzites épigéniques.

D. Quartzites résultant de la transformation d'un dépôt siliceux d'origine organique.

La cristallisation de la silice de nombreux sédiments essentiellement composés d'organismes siliceux et principalement de débris de Spongiaires engendre soit des plages, soit d'importants dépôts de quartzites.

[1] Aux exemples que j'ai décrits, il faut ajouter des «grès» exceptionnellement durs, plus ou moins lustrés, qui gisent à la surface du sol dans le Bassin de Paris, ou qui ont été exposés pendant longtemps à l'action de l'atmosphère avant d'être recouverts par des dépôts plus récents.

Beaucoup de « phtanites » en bancs dans le Précambrien et le Silurien et un certain nombre de nodules de phtanites carbonifères sont en réalité des quartzites à grain extrêmement fin. Il y a des raisons d'admettre que ces phtanites ont une origine organique.

Des plages de quartzites très fins se rencontrent dans des « phtanites » et « jaspes » de tout âge.

Ce groupe se relie intimement au précédent par des plages de quartzites qu'on rencontre fréquemment dans les silex de la craie. Dans l'espèce, l'origine première de la silice est organique, mais il y a substitution de la silice au carbonate de chaux.

2. QUARTZITES D'ORIGINE MÉTAMORPHIQUE.

Les roches qui prennent place dans cette catégorie ont également des origines très diverses.

Elles sont dues à l'action du métamorphisme de contact, du métamorphisme général et du dynamométamorphisme.

A. De nombreux grès deviennent des quartzites très cristallins au contact ou à une faible distance du granite.

B. La même transformation s'opère à très grande échelle sous l'influence du métamorphisme général. Elle affecte non seulement la silice détritique, mais encore la silice organique. De puissantes formations de silex de l'île de Crète ont été transformées en quartzites dans ces conditions.

C. Le dynamométamorphisme fait des quartzites avec des sables, des grès et vraisemblablement avec des dépôts siliceux de sources variées. Il est toujours très difficile de déterminer avec précision les transformations de cette nature qui s'opèrent sous son influence. La réalité de ce métamorphisme est indiscutable dans certains cas.

L'histoire des quartzites est une des plus complexes des formations sédimentaires. Elle montre que des dépôts d'origine et de composition très diverses aboutissent à la même roche par les voies les plus différentes. C'est le plus bel exemple de *convergence* que je connaisse dans le domaine des terrains sédimentaires.

PLANCHE I

PLANCHE I.

Fɪɢ. 1. — Grès ferrugineux. Sables de Fontainebleau. Buttes Chaumont, Paris (p. 66).

Photographie [1]. Gross. = 6o diamètres. Lumière naturelle.

La gangue ferrugineuse est grise ou noire sur la figure.

a. Grain de quartz limpide.
b. Quartz rempli d'inclusions solides.
c. Limonite remplissant les intervalles qui séparent les grains.
d. Limonite enrobant les minéraux clastiques.
e. Vides.

Fɪɢ. 2. — Grès manganésifère et cobaltifère. Sables de Fontainebleau. Palaiseau (Seine-et-Oise) [p. 7o].

Photographie. Gross. = 6o diamètres. Lumière naturelle.

Le ciment d'oxyde de manganèse est représenté en noir.

a. Quartz limpide presque complètement dépourvu d'inclusions.
b. Grains de quartz remplis d'inclusions solides.
c. Ciment remplissant les vides qui séparent les minéraux.
d. Ciment formant un liséré autour des grains de quartz.
e. Vides.
f. Matière jaune de nature indéterminée.

[1] Les photographies reproduites dans ce mémoire n'ont pas été retouchées.

Fig 1

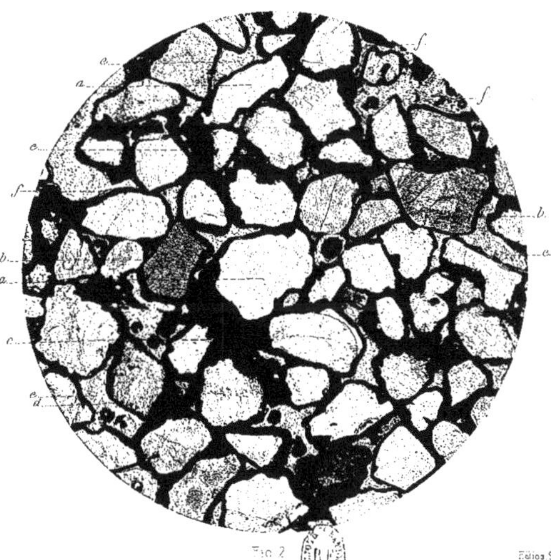

Fig 2

Heliog Schützenberger Paris

PLANCHE II

PLANCHE II.

Fig. 3. — Quartzite-grès « cristallisé » ferrugineux. Sables de Fontainebleau. Palaiseau (Seine-et-Oise) [p. 67].

Photographie. Gross. = 60 diamètres. Lumière naturelle.

Les grains de quartz se détachent en blanc. Le ciment ferrugineux est noir ou gris.

a. Grain de quartz qui a conservé son contour originel.

b. Élément montrant une auréole de quartz secondaire orienté comme le quartz ancien.

c. Grain de quartz pourvu d'un liséré secondaire et d'un contour en partie géométrique.

d. Quartz limité par un contour cristallin dans ses parties libres. Bâtonnet de tourmaline en inclusion.

e. Ciment ferrugineux dessinant des coins.

Fig. 4. — Grès dolomitique « tête de chat ». Sables du Soissonnais. Mouchy-le-Châtel (Oise) [p. 38].

Photographie. Gross. = 60 diamètres. Lumière polarisée. Nicols croisés.

Le quartz est le seul minéral clastique de la plage photographiée. Le ciment de dolomie présente une seule orientation optique.

a. Agrégats de quartz.

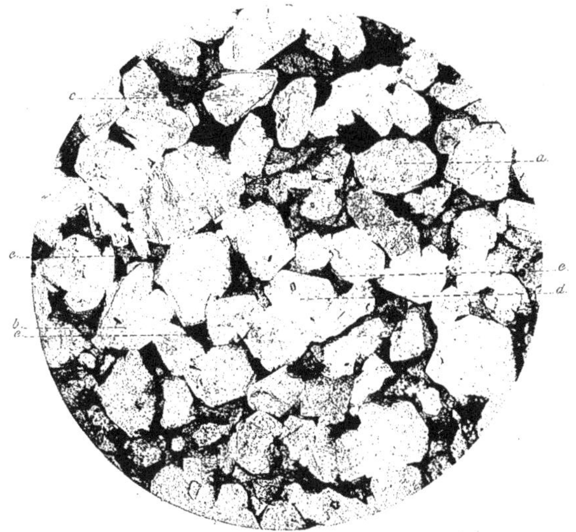

Fig. 3

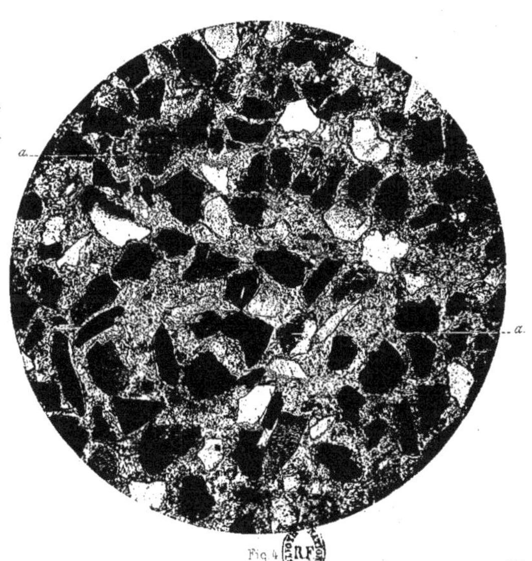

Fig. 4

Cliches Mouroullard

Helios-Schutzenberger Paris

PLANCHE III

PLANCHE III.

Fig. 5. — Grès à ciment calcaire primordial. Sables de Beauchamp. Route d'Acy à Meaux (Oise) [p. 53].

Photographie. Gross. = 60 diamètres. Lumière polarisée. Nicols croisés.

Tous les minéraux se rapportent au quartz.

a. Fragment de test de Mollusque.

Le ciment gris sale est en carbonate de chaux. Il est composé de particules d'une extrême finesse dont les plus volumineuses seules se voient sur la photographie, sous la forme de petits points blancs.

Fig. 6. — Grès à ciment de calcite grenue. Sables de Beauchamp; niveau d'Auvers. Auvers (Seine-et-Oise) [p. 53].

Photographie. Gross. = 60 diamètres. Lumière polarisée. Nicols croisés.

Les minéraux clastiques sont représentés par le quartz.

a. Foraminifère.
b. Ciment de calcite grenue.
c. Calcite du ciment formant quelques éléments de la taille du quartz détritique.
d. Vestige de ciment calcaire primordial, passant insensiblement à la périphérie au ciment de calcite grenue.
e. Oolithe.
f. Vide.

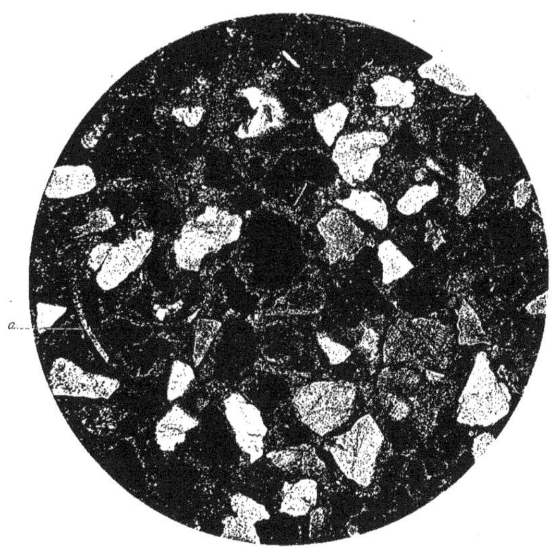

Fig. 5

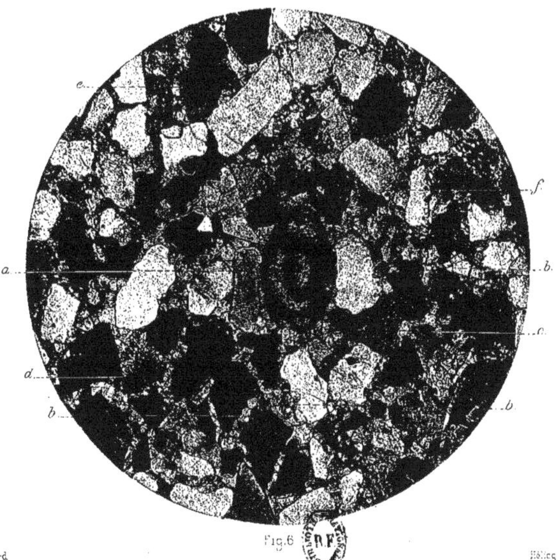

Fig. 6

Clichés Monpillard   Héliog Schutzenberger Paris

PLANCHE IV

PLANCHE IV.

Fig. 7. — « Grès cristallisé » de Fontainebleau. Sables de Fontainebleau (p. 69).

Photographie. Gross. = 60 diamètres. Lumière polarisée. Nicols croisés.

Le champ photographié ne montre que des grains de quartz plongés dans un ciment de calcite pourvu d'une seule orientation optique. Les minéraux sont libres dans la gangue calcaire.

Fig. 8. — Grès à ciment calcaire incomplet. Sables de Beauchamp. Niveau d'Auvers. Auvers (Seine-et-Oise) [p. 51].

Photographie. Gross. = 60 diamètres. Lumière polarisée. Nicols croisés.

Tous les minéraux visibles dans le champ appartiennent au quartz.

Le ciment est composé de calcite cristallisée en petits granules.

a. Ciment réduit à un liséré entourant les grains de quartz.
b. Calcite remplissant les intervalles qui séparent les matériaux clastiques.
c. Vides.

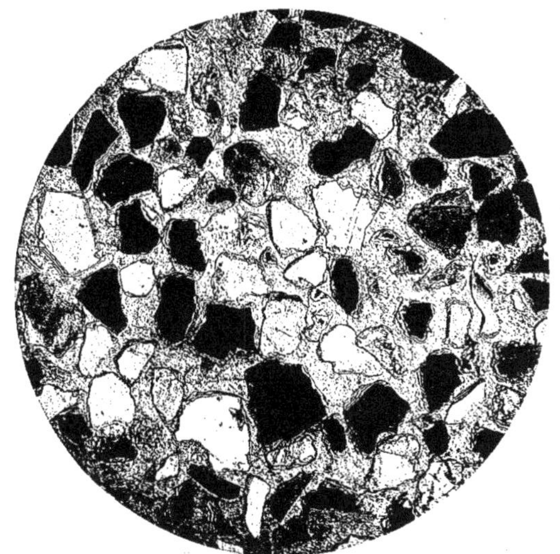

Fig. 7

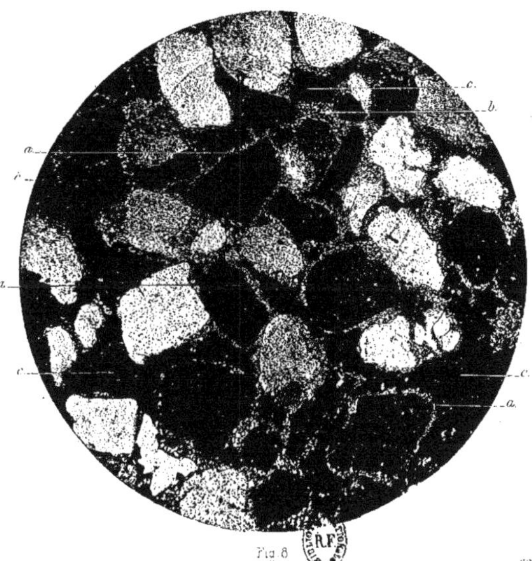

Fig. 8

Charles Monchard

PLANCHE V

PLANCHE V.

Fɪɢ. 9. — Quartzite-grès. Sables de Beauchamp. Niveau de Beauchamp proprement dit. Beauchamp (Seine-et-Oise) [p. 57].

Photographie. Gross. = 60 diamètres. Lumière polarisée. Nicols croisés.

Les grains de quartz sont tantôt moulés les uns sur les autres, tantôt séparés par un ciment.

Le ciment, essentiellement siliceux, renferme un résidu de calcite finement grenue, déchiquetée, correspondant à la plupart des petits points blancs. La grande plage de ciment renferme une forte proportion de calcite très découpée (*a*) dont une partie seulement est visible.

Fɪɢ. 10. — Quartzite-grès à oolithes silicifiées. Sables de Beauchamp. Niveau de Beauchamp proprement dit. Beauchamp (Seine-et-Oise) [p. 59].

Photographie. Gross. = 60 diamètres. Lumière polarisée. Nicols croisés.

La structure des quartzites typiques est nette à la périphérie du champ photographié, où l'on voit des grains de quartz moulés les uns sur les autres.

Le ciment (*a*) est un mélange intime de calcite dominante, très découpée, et de quartz en petits éléments.

Le centre de la plage est occupé par une oolithe en grande partie silicifiée comprenant :

b. Un noyau de quartz éteint.

c. Du quartz grenu associé à un reste de calcite.

d. Une couronne incomplète de calcite d'une seule orientation optique, et représentée dans la position de l'extinction.

e. Vestiges de carbonate de chaux.

La structure concentrique est partiellement conservée.

Fig.9

Fig.10

Imp. Monrocq   Héliog.Schutzenberger Paris

PLANCHE VI

PLANCHE VI.

Fig. 11. — Quartzite typique. Sparnacien. Saint-Denis-d'Authon (Eure-et-Loir) [p. 7].

Photographie. Gross. = 60 diam. Lumière polarisée. Nicols croisés.

Tous les éléments représentés dans le champ photographié se rapportent au quartz et comprennent trois parties :

a. Noyau de quartz ancien.

b. Liséré ferrugineux.

c. Auréole de quartz secondaire, orienté comme le quartz ancien. La structure est celle d'un quartzite typique.

Fig. 12. — Quartzite typique. Sables de Beauchamp. Niveau de Mortefontaine. Mortefontaine (Oise) [p. 60].

Photographie. Gross. = 60 diam. Lumière polarisée. Nicols croisés.

a. Grains de quartz moulés les uns sur les autres, par suite d'un accroissement secondaire, visible seulement dans quelques éléments.

b. Vides.

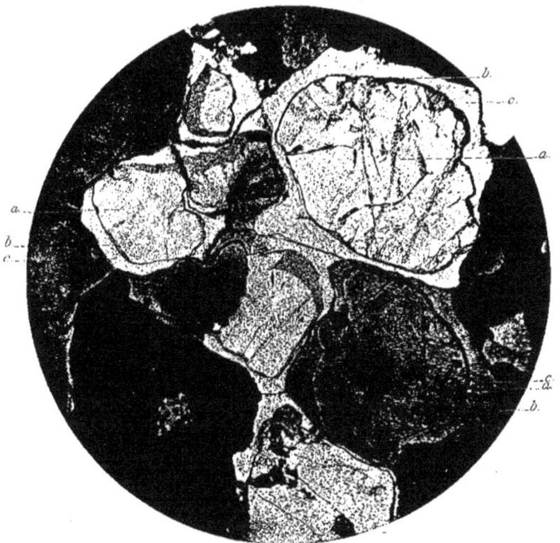

Fig. 11

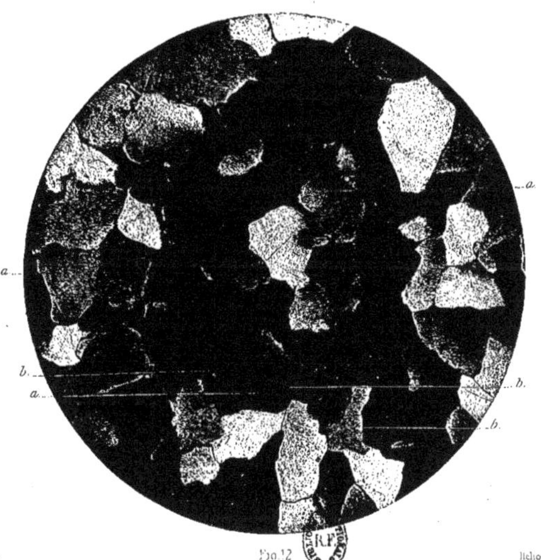

Fig. 12

Chromo Morpillard   lichog Schutzenberger Paris

PLANCHE VII

IMPRIMERIE NATIONALE.

PLANCHE VII.

Fɪɢ. 13. — Quarzite-grès et grès-quartzite (« Grès bisette »). Landénien. Estrée, près Arleux (Pas-de-Calais) [p. 16].

Photographie. Gross. = 60 diamètres. Lumière polarisée. Nicols croisés.

Le quartz est le seul minéral clastique qui figure dans le champ.

a. Grains de quartz qui ont conservé leurs contours primitifs.

b. Éléments dont les contours originels sont en partie modifiés par un accroissement secondaire irrégulier.

c. Quartz à bords très irréguliers par suite d'un accroissement secondaire qui affecte la surface entière des grains.

d. Agrégat.

Le ciment est gris sale; toutes les petites taches blanches dont il est parsemé sont formées de quartz.

La plage photographiée appartient au *quartzite-grès*.

Fɪɢ. 14. — Quartzite-grès (« Silex ») à *Nummulites lævigata*. Lutétien. Béthune (Pas-de-Calais) [p. 44].

Photographie. Gross. = 60 diamètres. Lumière polarisée. Nicols croisés.

Tous les éléments de quartz du champ sont complètement ou partiellement enveloppés de quartz secondaire. L'auréole, presque toujours visible, présente des contours très irréguliers.

a. Grains avec liséré très irrégulier.

b. Apatite.

Le ciment se résout en une très fine mosaïque de quartz.

Fig. 13

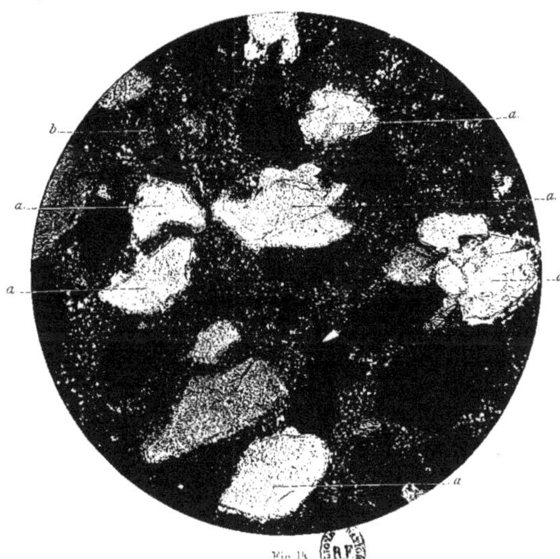

Fig. 14

Clichés Moupillard   Héliog. Schützenberger Paris

PLANCHE VIII.

Fig. 15. — « Silex » à *Nummulites.* Lutétien. Cologne, près Péronne (Somme) [p. 48].

Photographie. Gross. = 60 diamètres. Lumière polarisée. Nicols croisés.

Les minéraux représentés par des quartz dans la plage photographiée sont clairsemés. Le ciment forme la plus grande partie de la roche.

a. Quartz pourvu d'une auréole secondaire, large, très irrégulière, à bords découpés.

b. Quartz ancien entouré d'un liséré étroit de même orientation. L'auréole se prolonge d'un côté et donne naissance à un grand élément secondaire (*c*) d'orientation optique légèrement différente.

Le ciment constitue une fine mosaïque de quartz.

Fig. 16. — « Grès ». Landénien. Marlemont (Ardennes) [p. 22].

Photographie. Gross. = 60 diamètres. Lumière polarisée. Nicols croisés.

Tous les minéraux en grains appartiennent au quartz.

Les grains les plus volumineux passent par tous les intermédiaires aux éléments les plus petits du ciment.

Les bandes et plages noires irrégulières (*a*) correspondent aux parties du ciment les plus riches en opale, les traînées les plus claires (*b*) sont dues à la prédominance du quartz.

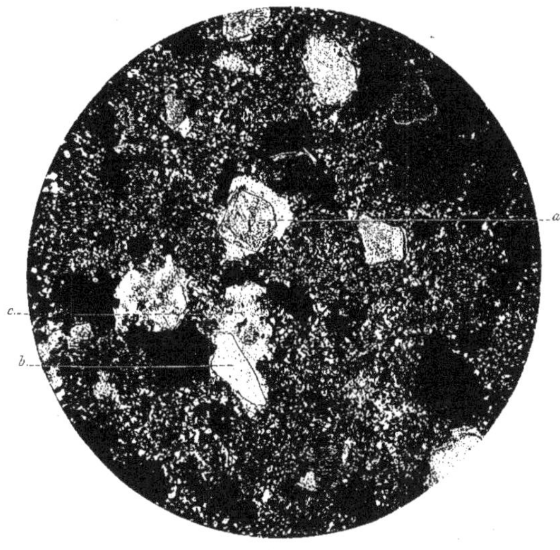

Fig.15

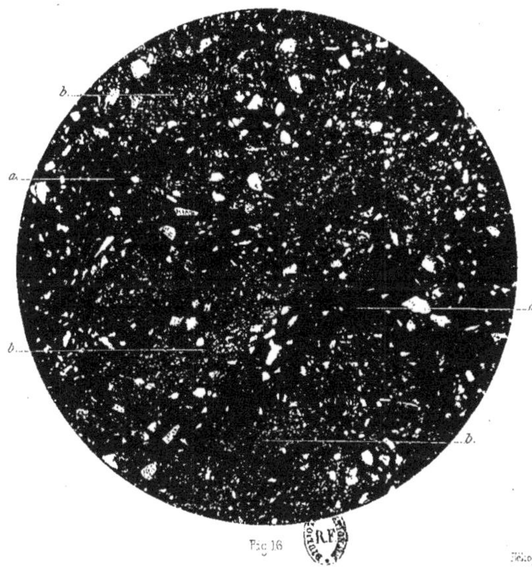

Fig.16

Cliché Monpillard   Héliog. Schützenberger Paris

PLANCHE IX

PLANCHE IX.

Fɪɢ. 17. — « Grès ». Lutétien. Yvernaumont (Ardennes) [p. 43].

Photographie. Gross. = 100 diamètres. Lumière polarisée. Nicols croisés.

a. Quartz corrodé.

Fɪɢ. 18. — *Idem*.

a. Quartz qui a conservé son contour primitif.
b. Quartz corrodé. La corrosion est localisée dans deux golfes profonds.

Le ciment est formé de quartz finement grenu.

Fɪɢ. 19. — « Silex » à Nummulites. Lutétien. Cologne, près Péronne (Somme) [p. 48].

Photographie. Gross. = 100 diamètres. Lumière polarisée. Nicols croisés.

a. Quartz ancien revêtu d'une auréole de largeur très variable, limitée par un contour des plus irréguliers et festonné.

Le ciment est exclusivement formé de quartz microcristallin.

Fɪɢ. 20. — « Grès lustré ». Sables de Fontainebleau. Bougival (Seine-et-Oise) [p. 72].

Photographie. Gross. = 100 diamètres. Lumière polarisée. Nicols croisés.

a. Quartz ancien qui a conservé une partie de son contour primitif; l'autre partie modifiée par un nourrissage secondaire passe insensiblement au ciment.

b. Quartz ancien, dont toute la surface a subi un accroissement secondaire. Les limites actuelles sont vagues; le passage au ciment est graduel.

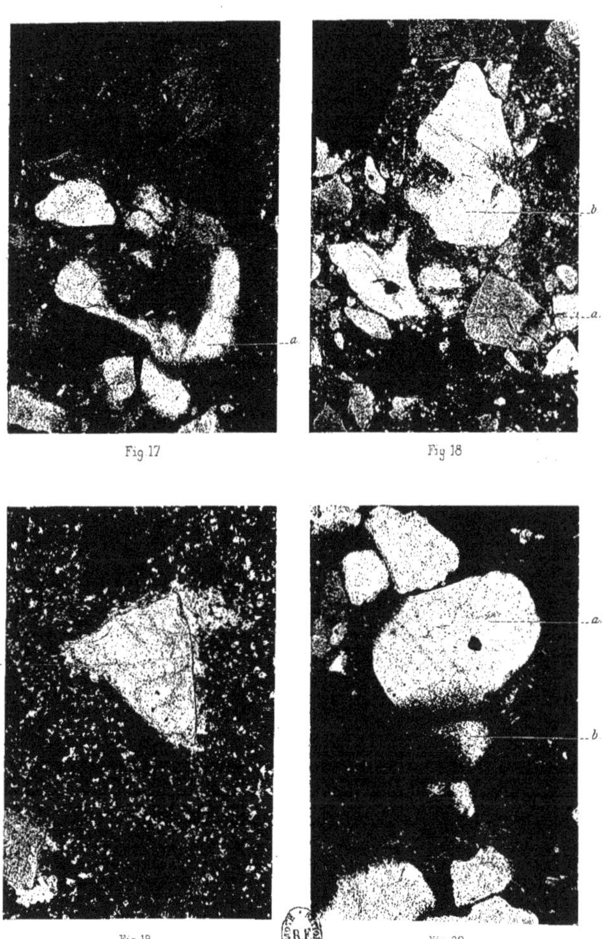

Fig 17

Fig 18

Fig 19

Fig 20

Clichés Mommiliard

Lithog Schutzenberger Paris

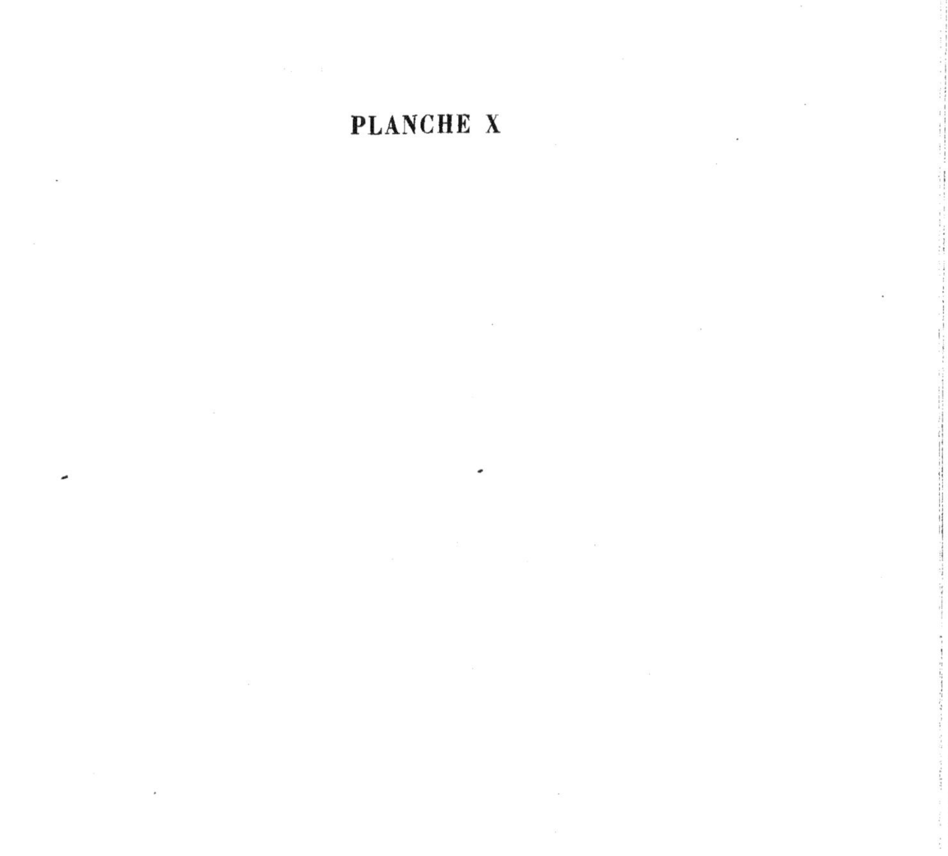

PLANCHE X

PLANCHE X.

Fig. 21. — « Grès » avec passage au phtanite. Landénien. Cerfontaine (Nord) [p. 32].

Photographie. Gross. = 60 diamètres. Lumière polarisée. Nicols croisés.

A droite, le « grès »; à gauche, le phtanite. La limite entre les deux roches est partout incertaine. Dans la zone de contact la composition et la structure du phtanite ne diffèrent en rien de celle du ciment du « grès ». Il en résulte que le phtanite fait corps avec le « grès ».

Fig. 22. — Quarzite typique. Sables de Beauchamp. Niveau de Mortefontaine. Mortefontaine (Oise) [p. 60].

Photographie, grandeur naturelle de l'échantillon qui a fourni la préparation de la planche VI, fig. 12.

Type de la cassure écailleuse. Toutes les écailles, caractérisées sur la roche par une teinte plus claire que le fond et par un aspect saccharoïde, dessinent des taches claires.

Fig. 21

Fig. 22

Cliché Rousselière   Héliog. Schutzenberger, Paris

TABLE DES FIGURES.

TABLE DES PLANCHES.

Planche IX.

Fig. 17. «Grès». Lutétien. Yvernaumont (Ardennes).
Fig. 18. «Grès». Lutétien. Yvernaumont (Ardennes).
Fig. 19. «Silex» à Nummulites. Lutétien. Cologne, près Péronne (Somme).
Fig. 20. «Grès lustré». Sables de Fontainebleau. Bougival (Seine-et-Oise).

Planche X.

Fig. 21. «Grès» avec passage au phtanite. Landénien. Cerfontaine (Nord).
Fig. 22. Quartzite typique. Sables de Beauchamp. Niveau de Mortefontaine. Mortefontaine (Oise).

BIBLIOTHÈQUE NATIONALE IMPRIMÉS

TABLE DES MATIÈRES.

DEUXIÈME PARTIE.
GÉNÉRALITÉS ET CONCLUSIONS.

www.ingramcontent.com/pod-product-compliance
Ingram Content Group UK Ltd.
Pitfield, Milton Keynes, MK11 3LW, UK
UKHW020829120726
13693UKWH00002B/560